简明猪病原色图谱诊断与防治（第二版）

谷风柱　王　宝　主编

化学工业出版社
·北京·

图书在版编目（CIP）数据

简明猪病诊断与防治原色图谱/谷风柱，王宝主编.
2版.—北京：化学工业出版社，2018.5
ISBN 978-7-122-31866-4

Ⅰ.①简… Ⅱ.①谷… ②王… Ⅲ.①猪病-诊断-图谱②猪病-防治-图谱 Ⅳ.①S858.28-64

中国版本图书馆CIP数据核字（2018）第061646号

责任编辑：邵桂林　　装帧设计：张　辉
责任校对：王　静

出版发行：化学工业出版社（北京市东城区青年湖南街13号　邮政编码100011）
印　　装：北京东方宝隆印刷有限公司
850mm×1168mm　1/32　印张6　字数157千字
2018年6月北京第2版第1次印刷

购书咨询：010-64518888（传真：010-64519686）
售后服务：010-64518899
网　　址：http://www.cip.com.cn
凡购买本书，如有缺损质量问题，本社销售中心负责调换。

定　　价：39.00元

本书编写人员名单

主　　编　谷风柱　王　宝

副 主 编　马玉华　李淑青　宋传升

编写人员　王　宝　王　猛　马玉华　刘文强
刘晓飞　李风春　李兆坤　李淑青
谷风柱　宋传升　孟　飞　赵凤荣

[前言]

《简明猪病诊断与防治原色图谱》第一版于2008年问世。10年过去了，养猪业发生了巨大变化：品种质量明显提升、饲料配合更趋合理、规模饲养已成趋势、猪病防控日益重视、无害化处理逐渐普及、环境保护深入人心。猪病发生的特点也出现了新的变化：病毒性繁殖障碍病、细菌性繁殖障碍病、霉菌毒素中毒、衣原体感染、亚健康等疾病发病率越来越高，且在某些区域或猪场造成较大损失。

为了适应现阶段猪病防控和诊治的需要，笔者特组织相关专家对《简明猪病诊断与防治原色图谱》第一版进行了更新再版。在本版编写过程中，我们的原则是删除不常见的猪病，增加常见、新发且非常重要的疾病。例如，第一章删除了“轮状病毒病”，增加了“巨细胞病毒病”；第二章删除了“炭疽、钩端螺旋体病、猪痢疾”，增加了“回肠炎、衣原体病”；第三章删除了“囊尾蚴病”；第四章删除了“僵猪症、关节炎”，把“肠扭转、肠套叠”合并为“急性肠梗死”，增加了“霉菌毒素中毒、亚健康、子宫内膜炎、多发性皮炎、颈部肿胀”等。

与本书第一版相比，本版仍然介绍了40种猪病，但在文字叙述上进行了调整和内容上有所偏重；彩图由原来的208幅调整到

325幅。笔者期望读者通过对书中文字和图片的分析和辨识，达到快速掌握常见猪病的临床诊断与防治技术的目的，以提高基层猪病兽医工作者的诊疗水平，将猪病防治技术提高到一个新层次，为养猪业健康发展保驾护航。

本书虽是再版，但由于作者水平有限，加之时间较紧，书中仍存有诸多不足之处，恳请广大同行指正。

谷风柱

2018年3月　于济南

[第一版前言]

为了帮助基层兽医工作者和养殖场技术人员能够较为完整地掌握猪病的防治技术，我们编写了这本《简明猪病诊断与防治原色图谱》。书中介绍了猪的常见疾病共40种，包括病毒病、细菌病、寄生虫病和普通病，全书简明扼要地讲述了每种疾病的病原、临床症状、病理变化、诊断和防治措施。为了更直观地看到每种疾病的主要临床症状和主要病理变化，还配以彩图，使得图文并茂，通过对图片的认识，达到快速掌握各种猪病诊断与防治技术的目的，以提高基层兽医工作者的诊疗水平，将猪病防治技术提高到一个新层次。

本书可作为猪病临床防治工作者手头的参考书，亦可作为兽医专业大中专学生学习《猪病防治》课程的参考书。

由于编者水平有限，本书中可能存在一些不足之处，恳请同行指正。

编　者

2008年11月

[目录]

第一章 病毒性疾病

一、猪瘟

【简介】

猪瘟俗称“烂肠瘟”，是一种急性、热性、高度接触性传染病，也是一种全身性出血性败血症，发病率和死亡率都很高，我国把猪瘟定为一类传染病。由于普遍重视疫苗免疫，且我国研制的猪瘟单苗效果较好，所以目前少见大面积暴发，多呈地方流行和散发为主。近几年在临床上常见的以母猪繁殖障碍为主的非典型猪瘟和混合感染较多。

【病原】

本病毒属于黄病毒科、瘟病毒属的一员，病毒颗粒较小，基因组为单股RNA；目前仍认为猪瘟病毒为单一血清型，病毒株的毒力有强、中、弱之分。强毒株引发高死亡率的急性猪瘟，中毒株多引起亚急性或慢性感染，低毒株多感染胎儿。

病毒对外界环境有一定抵抗力，在自然干燥情况下，经1～3周病毒失去传染性。加热60～70℃ 1小时可被杀死，病毒在冻肉中可生存数月。病尸腐败2～3天，病毒即被灭活。2%氢氧化钠、5%～10%漂白粉、3%来苏水能很快将病毒杀死。

【临床症状】

体温升高达41℃以上；病猪乳头淤血发青、腹股沟淋巴结淤血发青（图1-1、图1-2）；耳朵、下颌、臀部、会阴部、腹部、四肢内侧等处出现大小不等的出血点或红斑，指压不褪色（图1-3～图1-7）；公猪包皮积尿发炎，可挤出恶臭的液体（图1-8）；病初便秘，不久腹泻，粪便呈灰绿色（图1-9）；两眼被脓性分泌物粘着（图1-10），缓慢走近食槽，吃几口即退下；仔猪生长不齐、大小不匀；母猪早产、死胎、弱仔（图1-11、图1-12）。

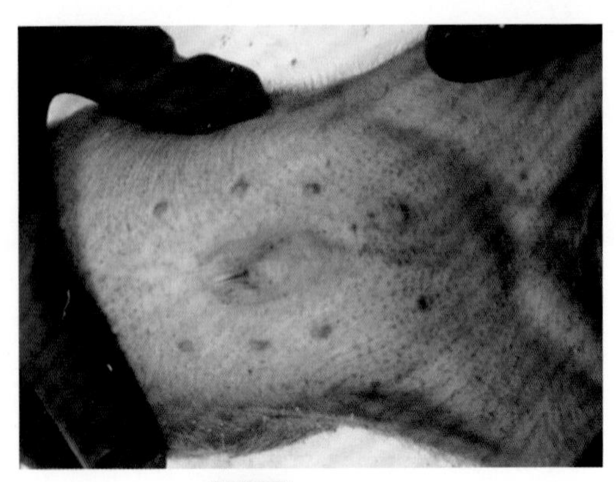

图1-1　乳头发青

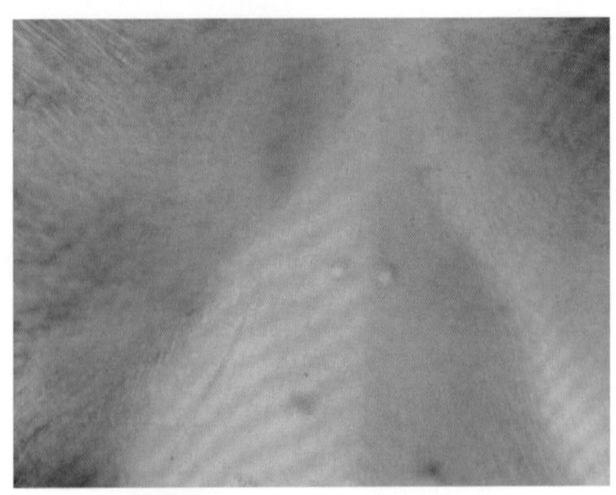

图1-2　腹股沟淋巴结淤血发青

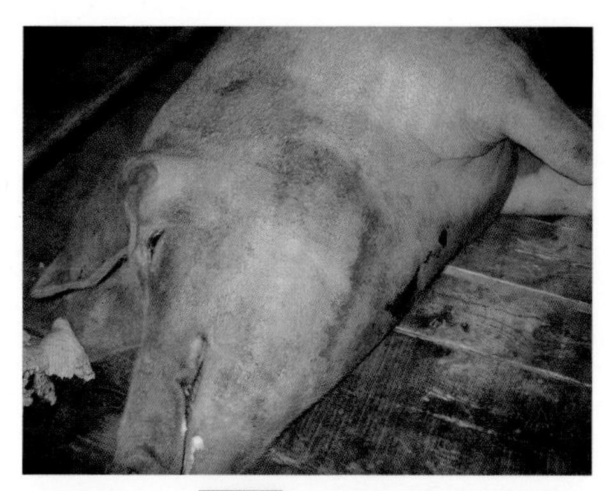

图1-3 耳朵出血

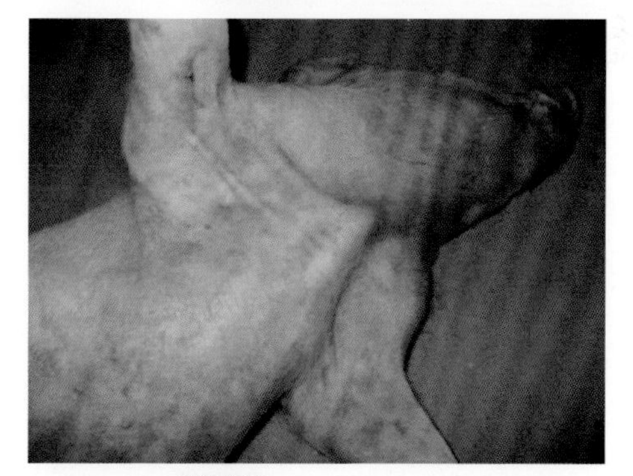

图1-4 下颌严重出血

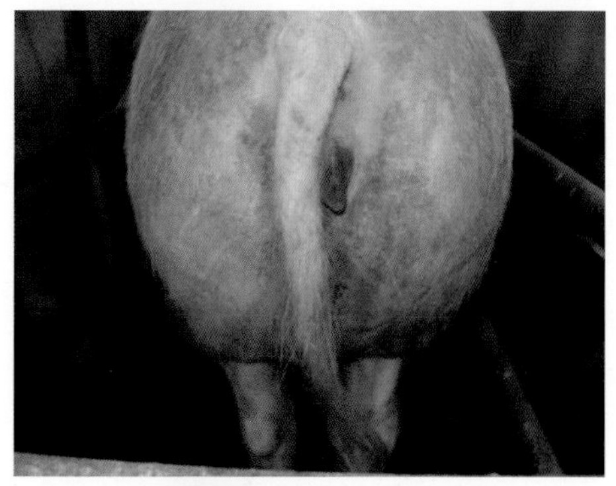

图1-5 臀部严重出血

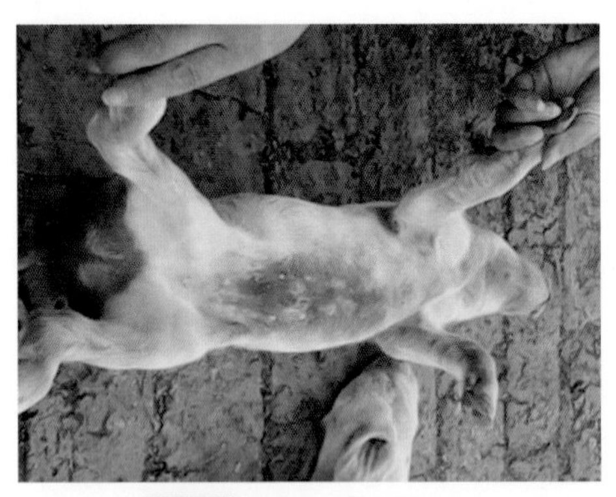

图1-6 会阴和下腹部出血

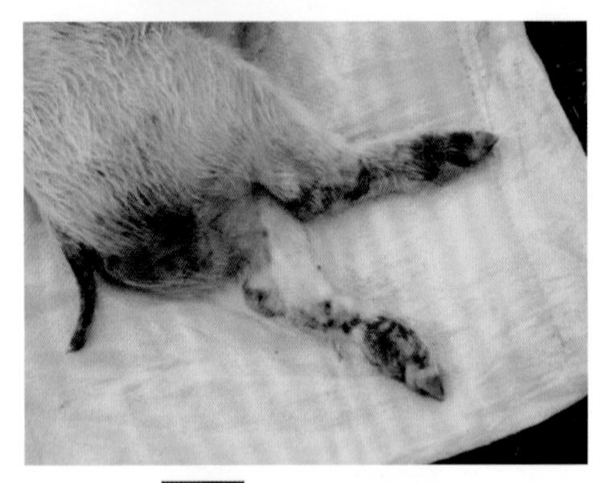

图1-7 尾巴及肢蹄出血

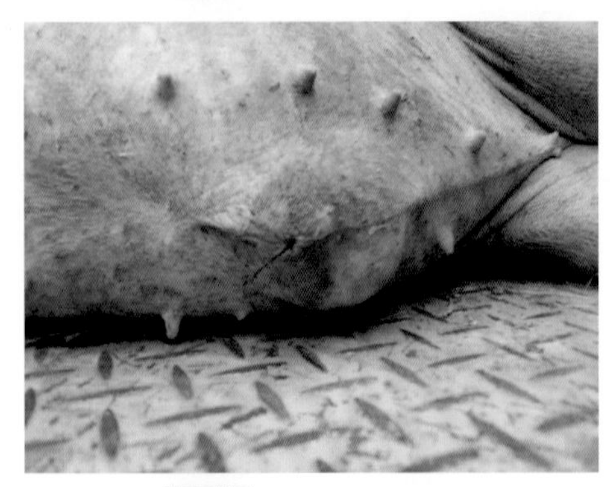

图1-8 包皮出血 积尿

图1-9 病猪排黄绿色稀便

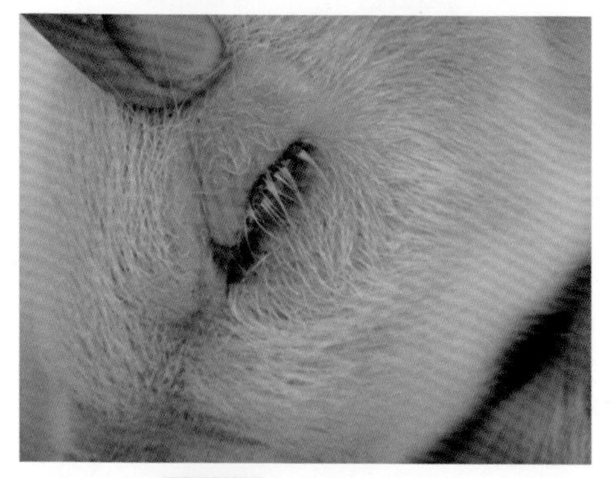

图1-10 结膜发炎粘连

图1-11 生下死胎

图1-12 初生仔猪为弱仔

【病理变化】

全身淋巴结出血、切面呈红白相间大理石样（图1-13、图1-14）；喉头出血、肺出血（图1-15、图1-16）；脾脏边缘常见出血性梗死灶（图1-17）；肾脏麻雀卵样点状出血，膀胱黏膜出血（图1-18～图1-20）；胃黏膜出血、结肠浆膜出血、肠黏膜溃疡(扣状肿)（图1-21～图1-24）；胸腔内肋胸膜出血（图1-25）；慢性猪瘟耳廓发绀坏死（图1-26）。

图1-13 腹股沟淋巴结出血

图1-14 肠系膜淋巴结出血

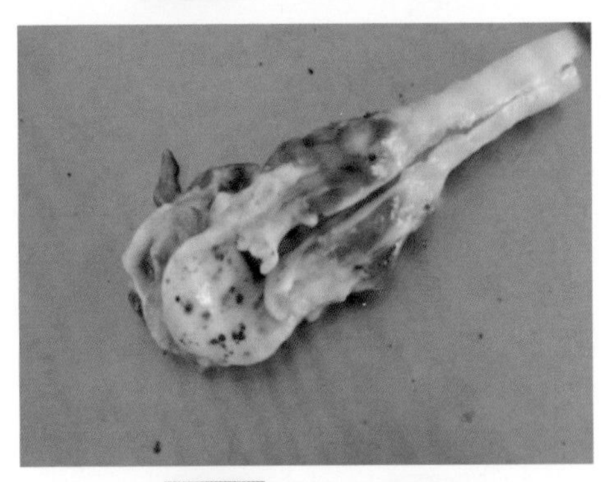

图1-15 喉头黏膜出血

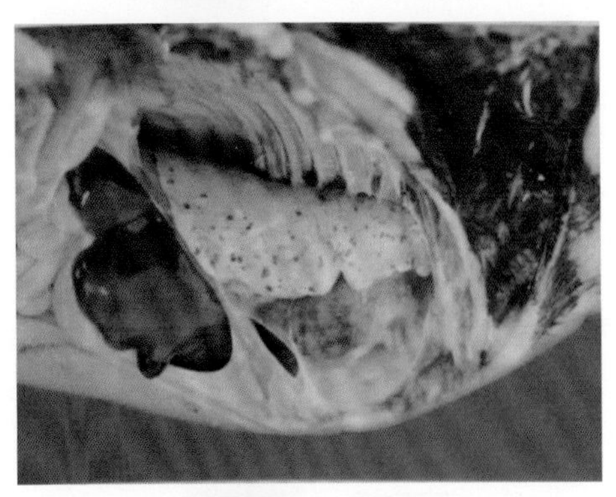

图1-16 肺脏出血

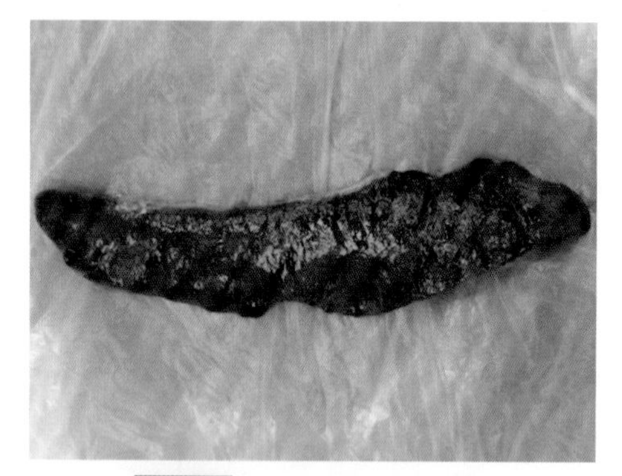

图1-17　脾脏边缘黑色梗死区

图1-18　肾麻雀卵样点状出血

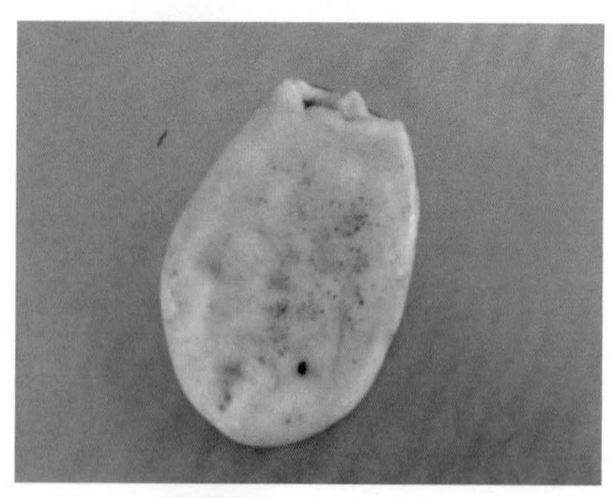

图1-19　膀胱黏膜出血

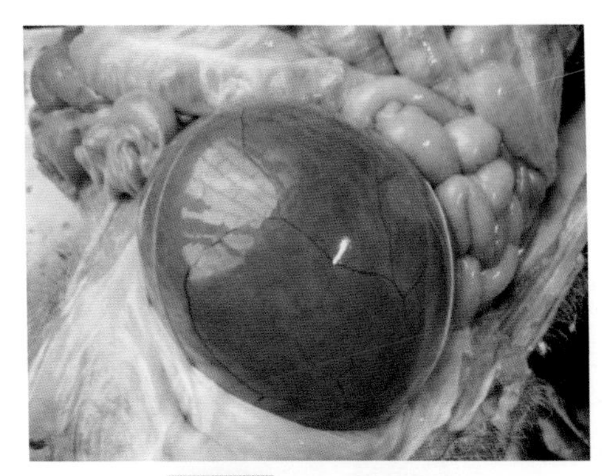

图 1-20 膀胱积有血尿

图1-21 胃黏膜出血

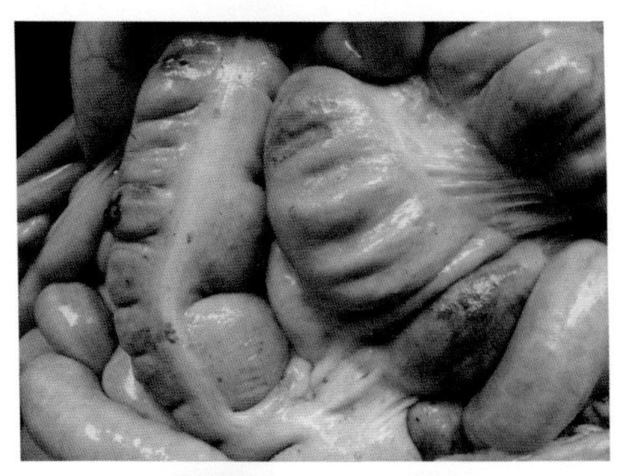

图1-22 结肠浆膜出血

图1-23　空肠浆膜出血

图1-24　肠黏膜溃疡呈纽扣状

图1-25　胸腔内肋胸膜出血

图1-26 慢性猪瘟皮肤干性坏死

【诊断】

（1）要调查了解各方面的情况，仔细观察临床症状如耳尖、腹部、腿内侧及其他病理变化。

（2）多剖检几头病猪，综合多数病猪剖检结果。目前单独猪瘟不多见，多是混合感染，病情复杂，病变多样。特别是非典型猪瘟的出现，给临床诊断增加了许多困难。

（3）在临床上，急性猪瘟要与猪链球菌病、弓形体病、猪肺疫、急性猪丹毒、急慢性仔猪副伤寒相区别。

（4）确诊要进行实验室检测。

【防治】

（1）搞好预防接种，制定符合本场实际的免疫程序。一般仔猪首免在25日龄，二免65日龄；在猪瘟流行地区，仔猪首免在刚出生未吃奶前，免疫后2小时再喂奶，二免在35日龄，三免在65日龄。使用猪瘟兔化弱毒冻干苗。公母猪每年两次注射猪瘟兔化弱毒冻干苗2～4头份。注意每年采取定期免疫与经常补免相结合，才能提高免疫效果。母猪应避开怀孕期和哺乳期。宜在配种前或哺乳后期和断乳时进行。

（2）实行自繁自养，尽量不从外地购买仔猪，若需要购买，应到无病地区选购，买回后观察一周便及时进行预防接种。

（3）加强饲养管理，喂以全价饲料，控制适宜的温度、密度和光照，保持圈舍干燥卫生，饲喂用具应及时清洗。

（4）及时严格消毒，发病猪舍、运动场、饲养管理用具等，用2%热碱水或其他消毒药进行消毒。粪、尿及垫草等污物，堆积发酵后利用。

（5）病死猪的处理，病猪应立即隔离，死猪深埋、销毁或化制；同群猪就地观察，严禁扩散。

（6）紧急接种，对尚未出现症状的猪群立即全部注射猪瘟单苗，每头肌注的参考剂量为2 ～ 3头份，对猪瘟控制有较好的效果，当然也存有一定的风险性。

（7）临床用药，抗猪瘟血清或免疫球蛋白、干扰素可用于猪瘟的早期控制和治疗；中药抗病毒药和抗菌消炎药也能起到预防继发感染和增强体质的作用。早期诊断，及时采取预防措施，对控制和消灭猪瘟有着重要的意义。

二、高致病性蓝耳病

【简介】

高致病性蓝耳病（“高致蓝”）是由繁殖与呼吸综合征病毒的变异株引起的急性、高致死性传染病，2006年夏季发生于我国南方，并迅速传播全国。目前“高致蓝”病毒感染较为普遍，有的猪场感染率已达94%以上，其危害性已远超“经典蓝”。此病不仅侵害母猪和仔猪，还侵害生长育肥猪和公猪，并极易造成免疫抑制，且易继发其他疾病，是目前较为严重的疫病之一。

【病原】

该病原为RNA病毒。有两个血清型，即美洲型和欧洲型。我国猪群感染的主要是美洲型。该病毒对热和酸碱度敏感，20℃ 6天，56℃ 20分钟，病毒即失去活性。病毒在酸碱度小于5或大于7的条件下，感染力下降85% ～ 90%。在环境中存活时间不长，常用消毒药有效。

【临床症状】

病猪体温高达41.5℃以上，稽留热型，精神沉郁；最初耳朵发紫（图1-27），随即全身多处发生紫绀；食欲减退或不食；部分新

生仔猪呼吸困难，张口喘息（图1-28）；妊娠母猪表现早产、流产，死胎、木乃伊、产弱仔，预产期后延（图1-29～图1-32）。

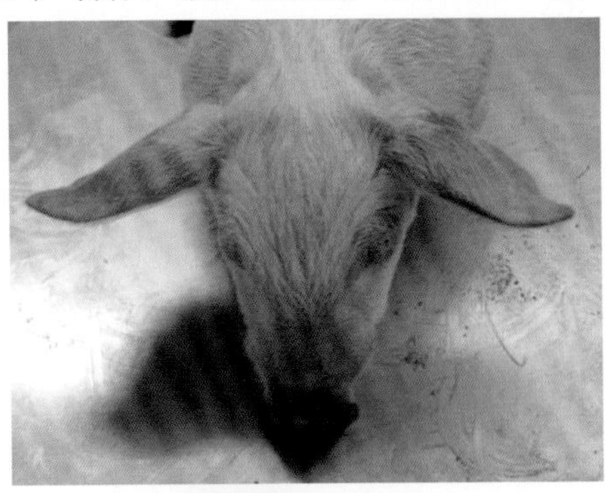

图1-27　耳朵发紫

图1-28　仔猪高度呼吸困难

图1-29　母猪流产

图1-30 产出死胎

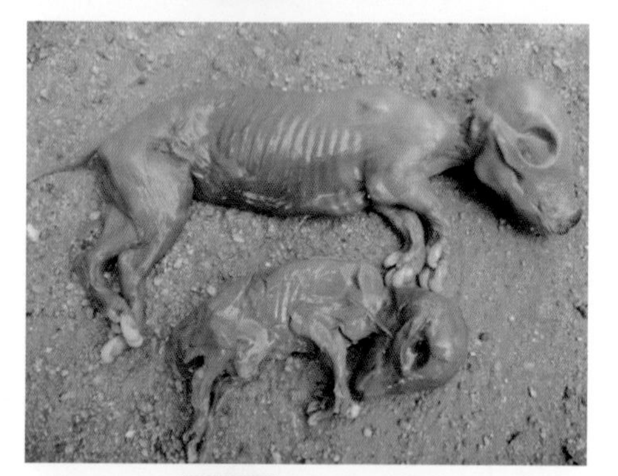

图1-31 产出木乃伊

图1-32 产出弱仔

【病理变化】

间质性肺炎，呈暗红色实变或水肿，肺叶实变，触之有革感，发硬是特征，放于水中会下沉（图1-33 ～图1-35）；淋巴结肿大，腹股沟淋巴结肿胀最明显（图1-36）。

【诊断】

（1）临床特征　高烧不退、呼吸困难、皮肤发紫、时有流产。

（2）剖检变化　肺叶发生非对称性实变，发硬是特征。

确诊要借助实验室诊断，进行病毒分离或血清学检测。

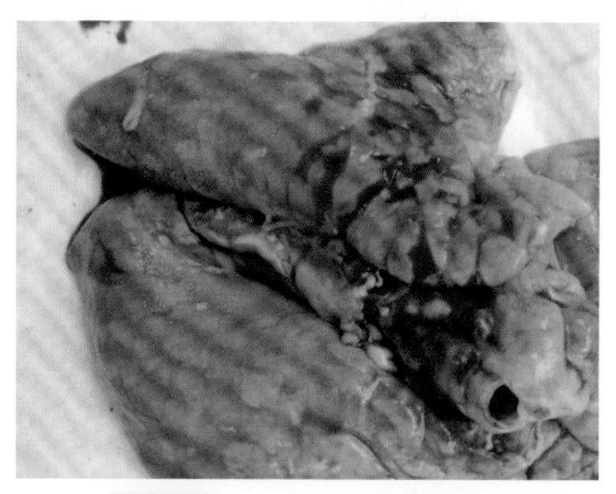

图1-33　肺实变，肺叶轻度实变

图1-34　肺实变，心尖叶变硬

图 1-35 实变肺叶下沉水底

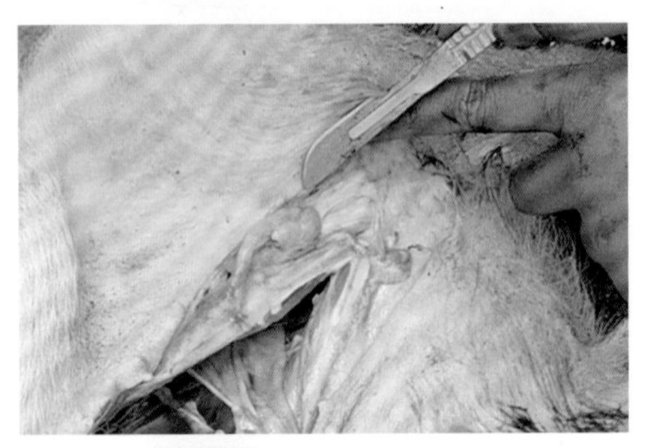

图1-36 腹股沟淋巴结肿大

【防治】

（1）预防接种 一般情况下，商品猪在3～4周龄，免疫一次经典蓝耳病冻干苗和高致病性蓝耳病灭活苗。种母猪除在3～4周龄免疫外，配种前应加强免疫一次。种公猪除在3～4周龄免疫外，每隔6个月还应免疫一次。发病地区，在首次免疫后3～4周龄进行一次加强免疫。

（2）加强管理 冬天要注意猪舍的保暖，还要搞好通风。夏季做好防暑降温，保证充足的饮水，保持猪舍干燥。合理饲养密度，防止拥挤。

（3）严格消毒和检疫 严禁从有疫情的地方购进仔猪，购买前

要查看检疫证明，购进后一定要隔离饲养2周以上，再混群饲养；施行全进全出；切实搞好环境卫生；及时清扫猪舍粪便及排泄物，猪舍内及周边环境进行严格消毒。

（4）注重预防 平时注重微生态和酶制剂的应用，选用合理中药进行预防。

发现疫情后，立即按规定程序上报并对现场和病死猪进行严格处理。

三、圆环病毒病

【简介】

本病是由圆环病毒引起的一种使断奶仔猪和育肥猪渐进消瘦的疾病。临床上有不同的类型：仔猪断奶后多系统衰竭综合征、皮炎肾病综合征、呼吸道疾病综合征、繁殖障碍、先天性震颤、肠炎等。临床危害最大的是仔猪断奶后多系统衰竭综合征，以消瘦、腹泻、呼吸困难、免疫抑制以及多病原继发感染为主要特征。目前已成为严重影响养猪生产的主要疾病之一。

【病原与传播】

猪圆环病毒属圆环病毒科圆环病毒属成员，本病毒是动物病毒中最小的一种病毒，其粒子直径为14～25纳米，无囊膜，基因组为单股环状DNA病毒。

猪圆环病毒分为2个型，即1-型和2-型圆环病毒。1-型圆环病毒对猪无致病性，但在猪群中普遍存在血清抗体，无任何临床症状；2-型圆环病毒对猪有致病性，可引起猪只发病，在临床上主要表现为断奶后仔猪多系统衰弱综合征和猪皮炎与肾炎综合征。

本病一年四季均可发生，一般呈地方性流行；病猪和隐性感染的猪只为本病的主要传染源；病毒存在于病猪的呼吸道、肺脏、脾脏和淋巴结中，由粪便和鼻腔分泌物排出体外，常经消化道、呼吸道途径感染猪群；可经胎盘垂直传染，也可通过污染病毒的饲料、用具、人员等传播；断奶2～3周和5～8周龄的仔猪极易感染；发病率为4%~25%，生物安全措施不到位的猪场发病率可达80%，但病死率可高达90%以上。

【临床症状】

病猪主要表现逐渐消瘦（图1-37），虚弱、发热、水样腹泻；皮肤苍白贫血或见有黄疸（图1-38），耳部及全身发生斑块状皮炎（图1-39～图1-41）；呼吸困难、咳嗽和中枢神经系统障碍；眼结膜贫血苍白（图1-42）；体表淋巴结肿大，最后衰竭死亡。

由于肌体虚弱，易继发感染，还可出现关节炎、肺炎、肠炎、相关性中枢神经系统病、相关性繁殖障碍（图1-43）等多种病症。

图1-37 毛长、消瘦

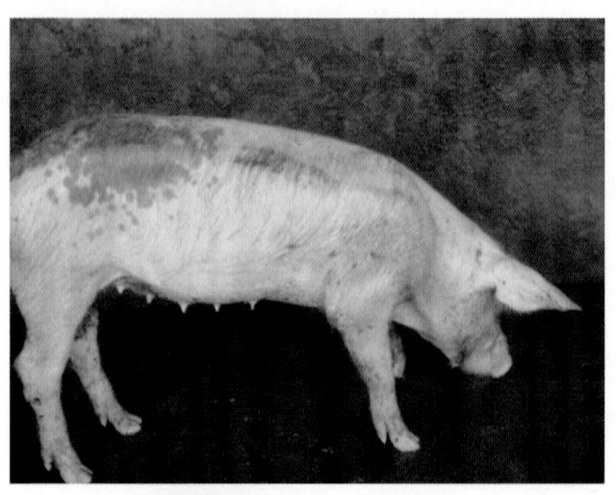

图1-38 高热、皮肤苍白

图1-39 耳及肩胛部皮炎

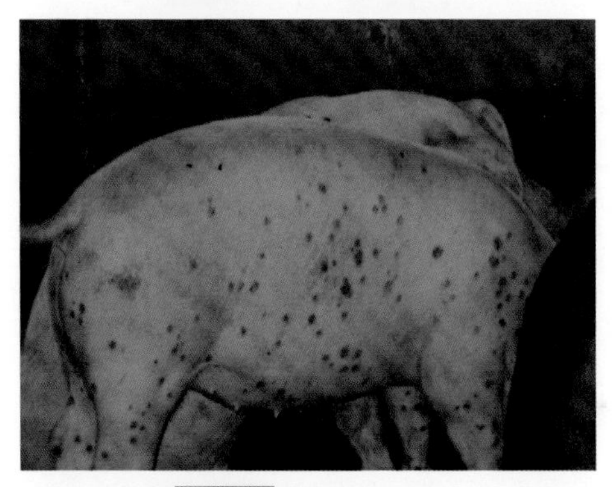

图1-40 腹侧部皮炎

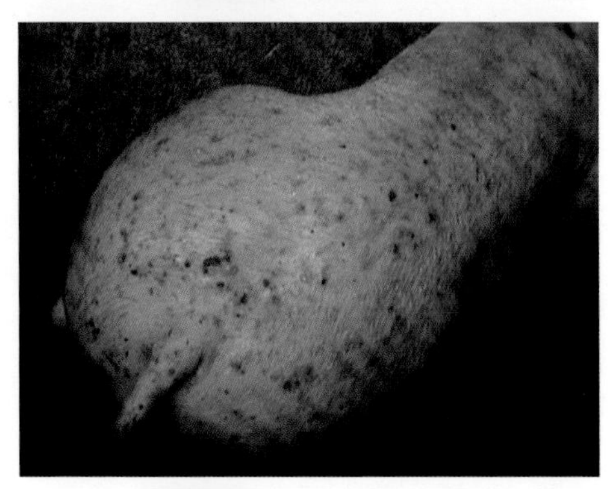

图1-41 后驱及臀部皮炎

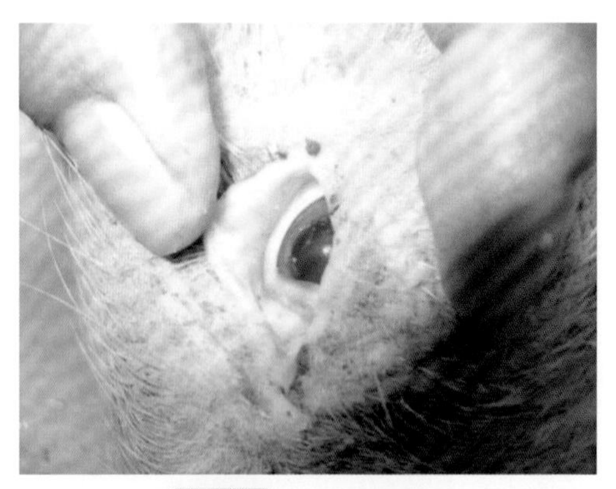

图1-42 结膜苍白贫血

图1-43 繁殖障碍——流产

【病理变化】

全身淋巴结尤其是腹股沟浅淋巴结显著肿大（图1-44）；肺脏局灶性间质性肺炎，病变部变硬，呈灰红色或灰白色（图1-45）；脾脏肿大、特别是脾头肿胀明显，有的脾尾变细甚或消失，有的表面见米粒大出血性丘疹（图1-46～图1-48）；肾脏肿大、色淡，表面有大小不等的灰白色斑点状坏死（白斑肾）或呈沟状肾（图1-49、图1-50）。

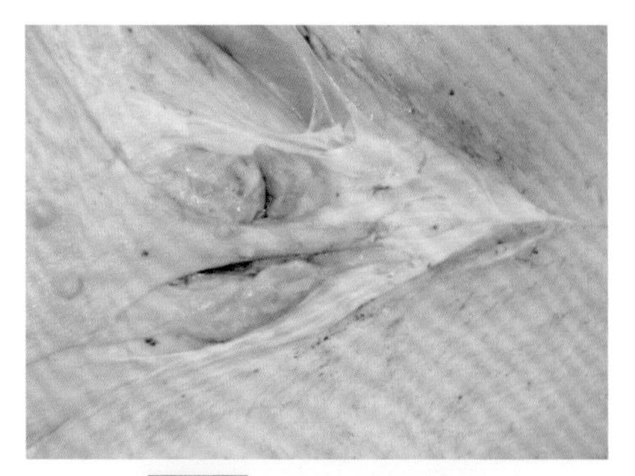

图1-44 腹股沟淋巴结肿胀

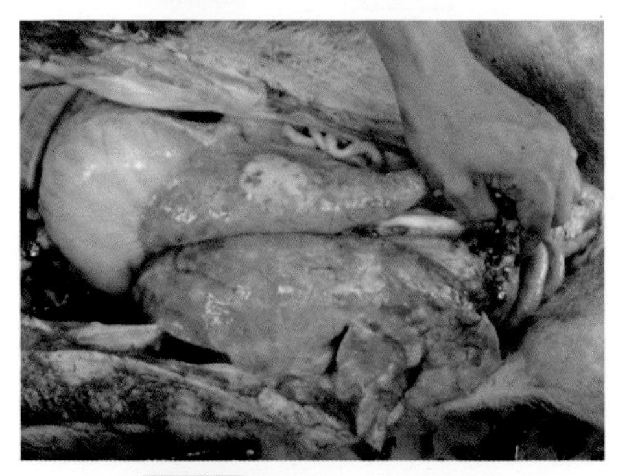

图1-45 肺脏灰白色坏死斑

图1-46 脾脏肿胀

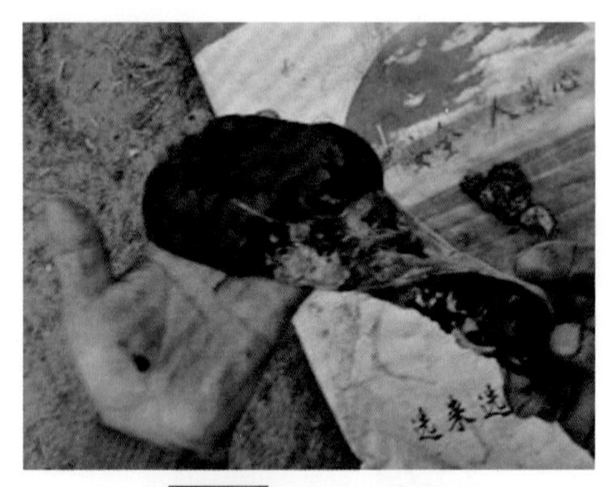

图1-47 脾头高度肿胀

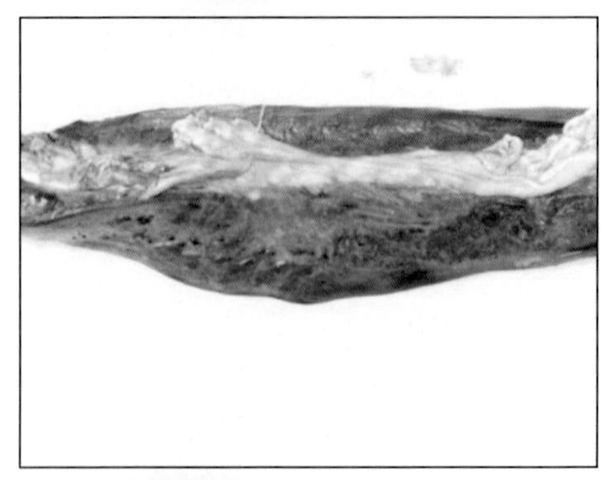

图 1-48 脾脏有出血性丘疹

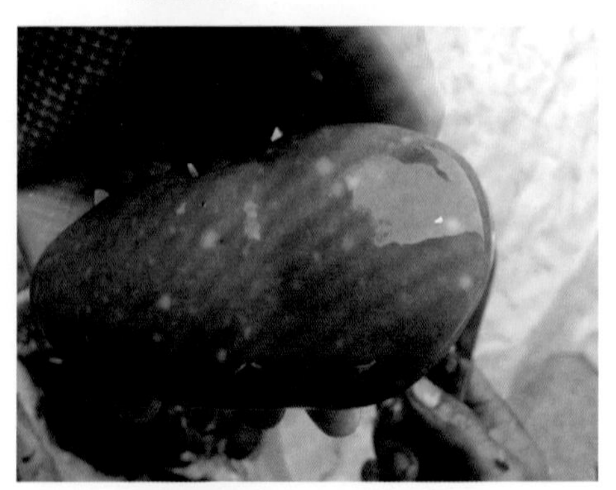

图1-49 肾脏有白色坏死灶

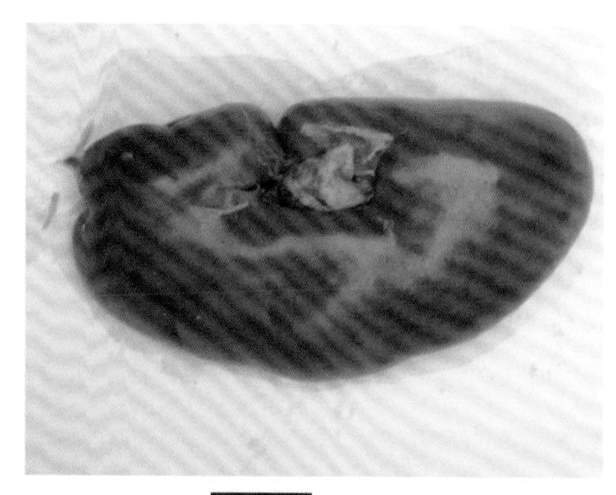

图1-50 沟状肾

【诊断】

（1）临床特征 高烧不退、皮肤苍白、呼吸困难、典型皮炎。

（2）剖检变化 肺脏、肾脏有灰白色坏死灶，脾头肿大、淋巴结肿大。

【防治】

（1）疫苗预防 应用圆环病毒复合苗预防注射。

① 商品猪：于14～21日，肌内注射1毫升/头，仔猪可健康育肥至出栏。

② 经产母猪：分娩前3～4周，肌内注射1毫升/头。

③ 初产母猪：配种前4～5周，肌内注射1毫升/头，分娩前3～4周肌注1毫升/头。

④ 种公猪：每半年免疫1次，每次1毫升。

（2）做好相关传染病的免疫工作 圆环病毒病与其相关猪病的发生还需要另外的条件或共同因素才能诱发临床症状。目前世界各国控制本病的经验是对共同感染源作适当的主动免疫和被动免疫，所以做好猪场猪瘟、伪狂犬病、细小病毒病、气喘病和蓝耳病等疫苗的接种、确保胎儿和吮乳期仔猪的安全是关键。

（3）临床治疗 治疗猪圆环病毒病有很大难度，可试用干扰素、免疫球蛋白等生物制品，配合抗生素、维生素等。也可试用如下中药。

① 熟附子10克、党参8克、肉桂3克、干姜5克、炒白术6克、茯苓6克、五味子3克、陈皮3克、半夏3克、炙甘草3克。

用法：煎汤灌服，早、晚各1次，连服3天。

② 服用方①3天后，改用下方：党参12克、炒白术8克、茯苓8克、陈皮5克、炙甘草5克、白芍8克、熟地8克、当归6克、川芎4克、黄芪10克、肉桂3克、荆芥6克。

用法：煎汤灌服、每天早、晚各1次，连服3～5天。

四、伪狂犬病

【简介】

伪狂犬病是由伪狂犬病毒引起的多种动物共患的一种急性传染病。猪感染本病时，因不同的年龄临床表现不一样。成年猪危害不严重，种猪主要表现繁殖障碍，但对仔猪的危害最严重，15日龄内的仔猪死亡率较高。本病给养猪业造成了严重损失。

【病原与传播】

伪狂犬病毒属于疱疹病毒科、猪疱疹病毒Ⅰ型，只有一个血清型。伪狂犬病病毒对乙醚、丙酮、氯仿、酒精等高度敏感，对消毒剂无抵抗力。

发病猪及带毒猪是本病的重要传染源；猪群内可直接接触感染；可经皮肤、消化道创口感染；也可由空气传播；还可经交配传染；初生乳猪更能因吃奶而被感染；妊娠母猪感染本病后，病毒可侵入子宫内的胎儿。

【临床症状】

本病主要表现为神经系统和呼吸系统症状。仔猪多表现严重的神经症状，而中大猪则表现呼吸道症状明显。

初生仔猪三日龄后即出现神经症状。体温升高达41℃以上，敏感、惊恐、犬坐姿势、两耳直立、两眼发直（图1-51～图1-55）；呕吐（图1-56）、腹泻、流涎；多陷入昏迷而死亡，很少耐过。

图1-51 仔猪痉挛惊恐

图1-52 仔猪两耳直立

图1-53 全身瘫痪

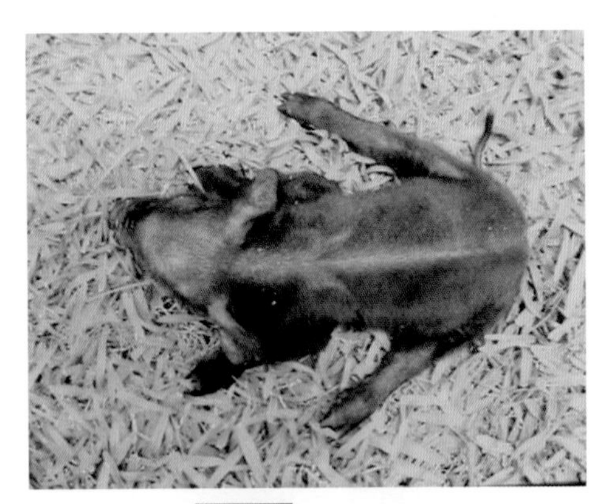

图1-54 犬坐姿势

图1-55 群体瘫痪

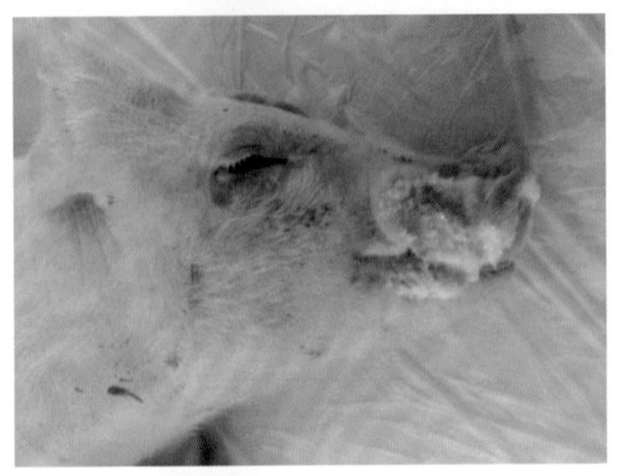

图1-56 哺乳仔猪吐奶

断奶前后的小猪，表现体温升高，呼吸短而急促，被毛粗乱，精神不振，食欲减少，有时呕吐和腹泻，多有神经症状。如不出现神经症状，几天内可以恢复。

生长育肥猪可突然发现体温升高、呼吸困难、食欲减退，不经治疗即可好转。

妊娠母猪感染后出现流产、死胎、木乃伊、弱仔，胎儿可自溶（图1-57、图1-58）。

图1-57　母猪发生流产

图1-58　流产胎儿有自溶现象

【病理变化】

剖检可见扁桃体水肿，咽喉水肿，脑膜充血、脑回沟出血（图1-59、图1-60）；肝脏、肾脏均有白色坏死灶（图1-61、图1-62）；心肌颜色变淡而松弛等。

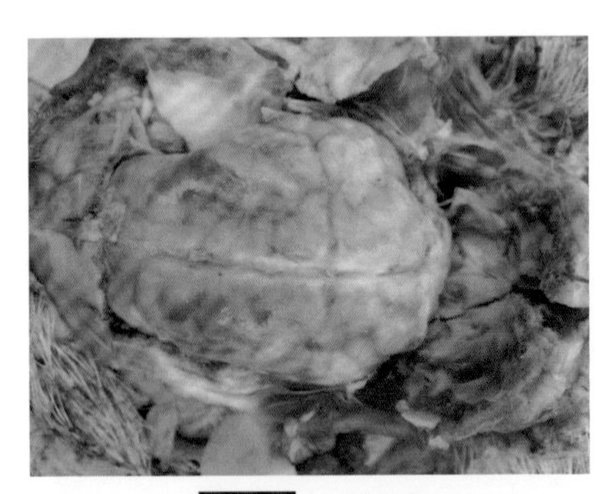

图1-59 脑膜充血

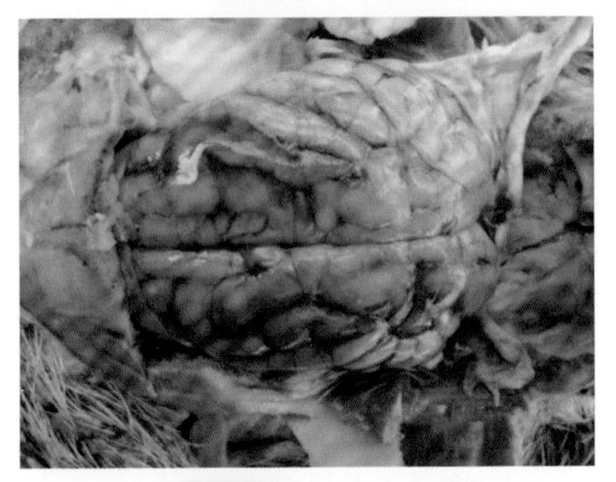

图1-60 脑回沟出血

图1-61 肝脏有白色坏死灶

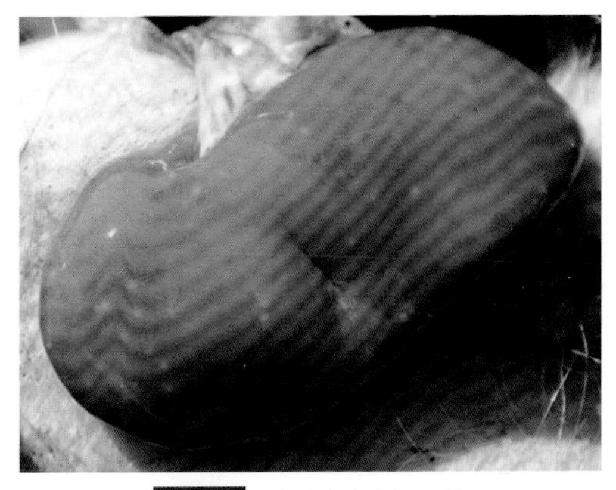

图1-62 肾脏有白色坏死灶

【诊断】

根据发病史、临床症状、剖检变化，可做出初步的诊断，确诊本病则必须结实验室诊断。动物接种实验：采取病猪脑组织接种于健康家兔后腿外侧皮下，家兔于24小时后表现有精神沉郁、发热、呼吸加快（98～100次/分），因局部奇痒而用力撕咬接种部位，引起局部脱毛、皮肤破损出血。严重者可出现角弓反张，4～6小时后病兔衰竭而亡。

【防治】

（1）免疫接种　目前我国已有最新的、能够预防毒株已经发生变异的基因缺失疫苗。

① 种猪：配种前4免疫一次，产前一个月再免疫一次。

② 初生仔猪：初生3日龄内科用苗滴鼻一次。

③ 种用仔猪：在断奶时注射一次，间隔4～6周后加强免疫一次。

④ 育肥猪：在断奶时注射免疫一次，直到出栏。

⑤ 生产中发现：一旦猪群发病立即紧急接种疫苗似乎对控制病情效果不错。

（2）治疗用药　治疗效果不理想。发病后一般要隔离病猪；

对发病猪可应用免疫球蛋白等肌内注射；也可用耐过猪的全血进行注射，经14日后再重复一次，可获得较好效果。

五、口蹄疫

【简介】

口蹄疫俗称“口疮”“蹄癀”，也叫“烂蹄病”，本病以口腔黏膜、蹄部、乳房、皮肤出现水疱为特征。传染性极强，传播速度快。是偶蹄兽猪、牛、羊的一种急性、发热性、高度接触性传染病。本病四季都可发生，但冬、春季为流行盛期。

【病原】

口蹄疫病毒属微RNA病毒科，口蹄病病毒属，有O型、A型、C型、亚洲1型、南非1型、南非2型、南非3型7个血清主型，65个以上的亚型。我国主要O型、A型为主，不同血清表现的临床症状基本一致。

口蹄疫病毒在畜舍干燥垃圾内存活时间为14天左右；在潮湿垃圾内为8天；在土壤表面，秋季为28天，夏季为3天；在畜舍污水中为21天；在阴暗低温（-30℃）环境中，存活期长达12年之久。2%氢氧化钠、3%～4%甲醛、0.5%～1%过氧乙酸、30%热草木灰水、10%新鲜石灰乳剂等常用消毒剂在15～25℃经0.5～2小时后才能杀灭病毒。

【症状与病变】

猪在蹄部（蹄冠、蹄叉、蹄踵），附关节、有小的如豆粒，大的如蚕豆大小的水疱，痛感明显，出现瘸腿，蹄部不敢着地，严重的蹄壳脱落，病猪跪行或卧地不能站立；在口黏膜(包括舌、唇、齿龈、咽、腭)的水泡，表现流涎（图1-63～图1-66）。母猪的乳头也出现水泡，母猪不让仔猪哺乳，将乳头藏在腹下，水泡很快破裂，露出红色溃疡面或烂斑（图1-67），如无细菌感染，伤口可在一周左右逐渐结痂愈合。所以，大猪一般不造成大批死亡，但感染率较高。

图1-63 蹄部溃烂

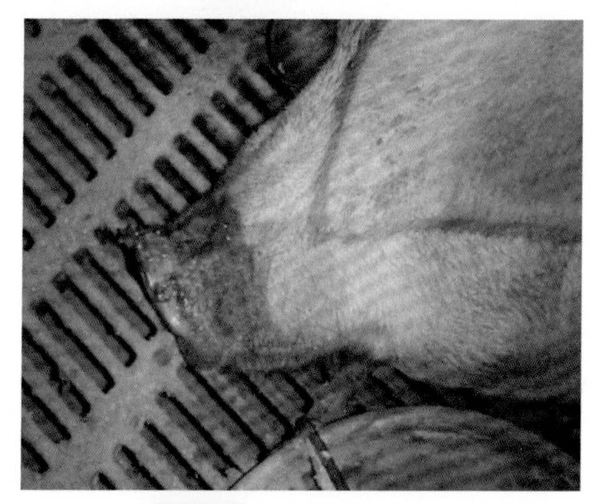

图1-64 口唇外部有水泡

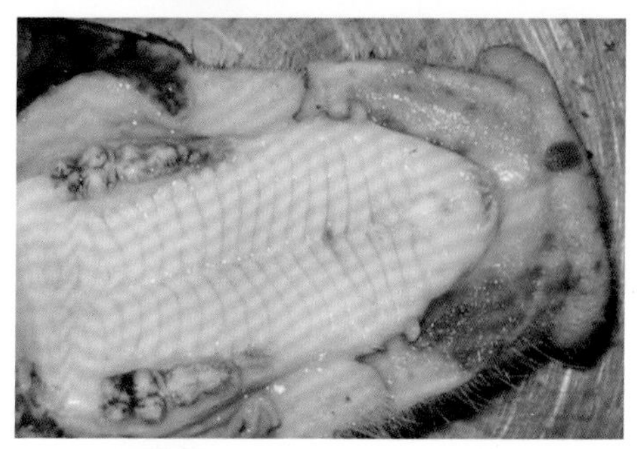

图1-65 口唇内侧及齿龈有溃烂

图1-66 舌体表面有溃烂

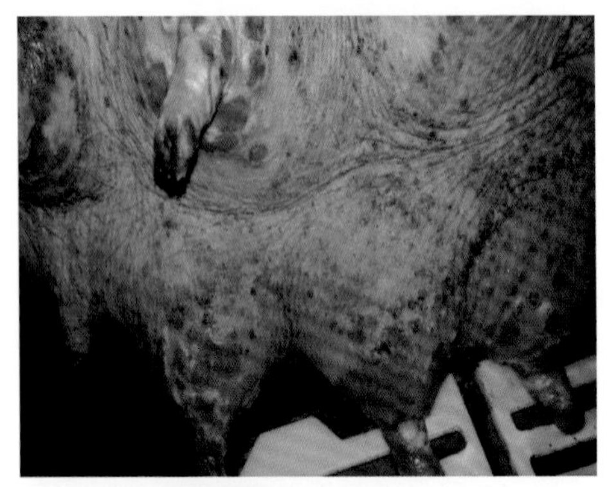

图1-67 乳头水泡破溃

图1-68 仔猪心肌坏死（虎斑心）

哺乳仔猪通常出现急性黄白色心肌坏死性炎症，称为虎斑心，急性衰竭死亡（图1-68）；病程稍长者也可见到口腔及鼻镜上有水疱和溃烂。妊娠母猪感染该病后发生流产。

【诊断】

根据病的特点、临床症状、病理变化、流行病学可作出初步诊断，确诊须进行实验室诊断。

【防治】

（1）免疫与监测　及时接种O+A型口蹄疫灭活苗，此苗安全可靠。在疫区或周围地区，每年至少要3次接种。有条件的做好免疫效果监测工作，对抗体水平低的猪群应补免。

（2）加强猪场的消毒净化工作，常规消毒程序要纳入生产的日常管理中。

（3）加强对猪群健康状况的观察，做到及早发现、及时处理。一旦怀疑本病，应立即向上级有关部门报告，按照“早、快、严、小”的原则，采取综合性防制措施。

（4）猪场要准备抗病毒药、抗生素、退烧药、维生素、外用及黏膜消毒药等。发病季节可用抗病毒中药提取物饮水，以提高猪群整体免疫力。

六、巨细胞病毒病

【简介】

猪巨细胞病毒病是一种人畜共患病。近几年来发现猪感染该病毒的病例越来越多，受过感染的猪群血清阳性率越来越高，有的可高达98%；与蓝耳病毒的同时检出率高达95%，对猪场造成了巨大损失。不少高校和科研单位对此病在多方面开展了深入研究，笔者在收集该病的临床资料方面也做了大量工作。由于混合感染较重，给养猪业带来的损失非常大，应予以高度重视。

【病原与传播】

猪巨细胞病毒属于疱疹病毒科、β疱疹病毒亚科、巨细胞病毒属的成员。

该病毒在肺、淋巴、鼻腔、胎盘、肝脏、脾脏中均有很高浓度存在。病毒在感染的细胞内复制，能致感染细胞高度肿胀，其体积是正常细胞的6倍。

猪巨细胞病毒有宿主的特异性；主要通过上呼吸道传播和排毒；还能通过胎盘垂直传播；尿液、眼分泌物也是主要传播源；在空气中自然传播300米～30千米；保育猪至200千克体重猪均可发病；阴雨、潮湿、大风、拥挤的条件下，有利于病毒的传播。

【临床症状】

感染后十天开始发热似感冒；眼睑水肿，严重的结膜炎和明显的泪斑（图1-69～图1-71）；流浆液性、黏液性和脓性鼻液甚至鼻孔结痂（图1-72～图1-73）；食欲减少，有的出现呕吐（图1-74）；怀孕猪早期流产，有的产出木乃伊胎（图1-75～图1-76）；病初粪便变化不大；中后期皮肤发紫；有明显的神经症状。

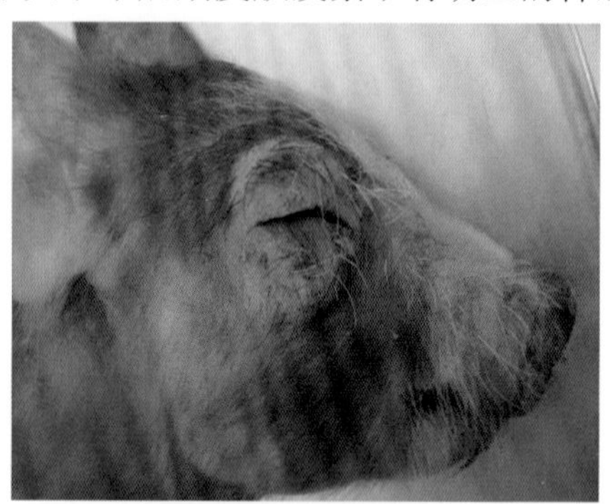

图1-69　眼睑高度肿胀

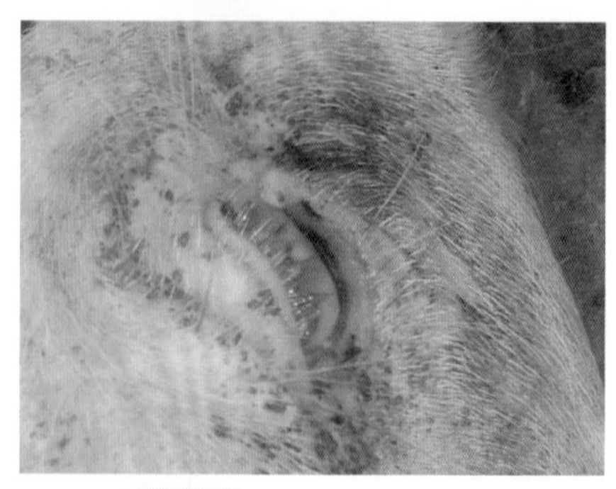

图1-70　结膜潮红肿胀外翻

图1-71　两眼流泪形成泪斑

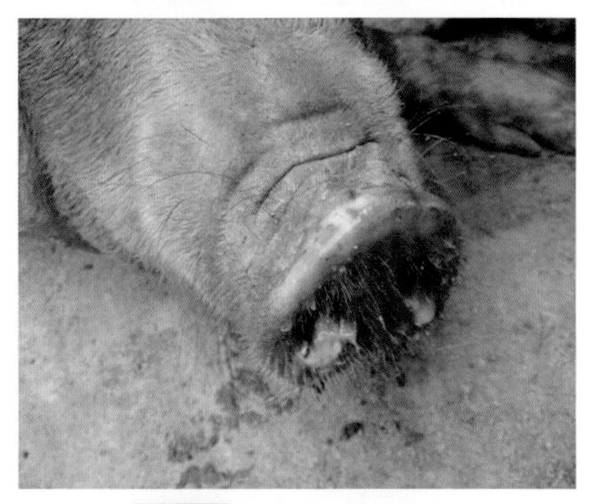

图1-72　鼻流黏液脓性鼻液

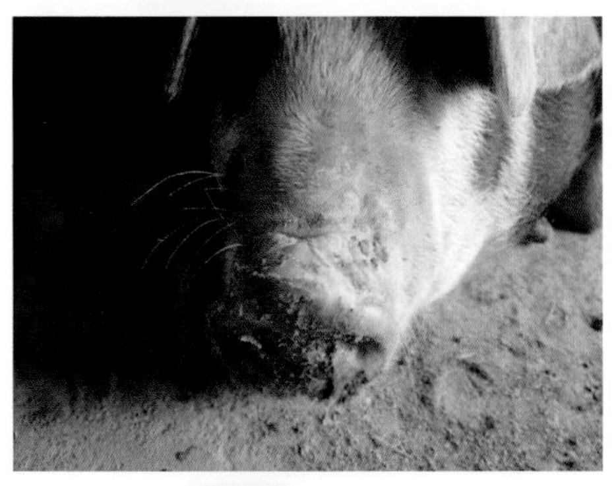

图1-73　鼻孔结痂

图1-74 病猪呕吐

图1-75 母猪流产

图1-76 黑胎为木乃伊胎

【病理变化】

皮肤发紫；淋巴结、喉头、肺脏、心脏、肠系膜等多器官水肿（图1-77～图1-82）；胸腹腔积液（图1-83）；脾脏卷曲折叠（图1-84）；肝脏有黄色病变（图1-85）；胃黏膜溃疡（图1-86）。

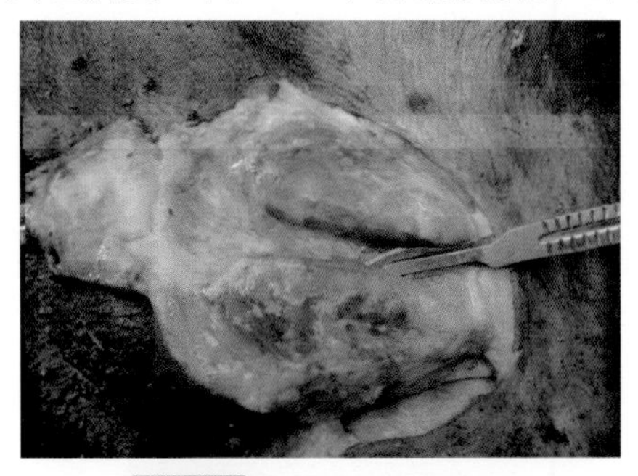

图1-77 腹股沟淋巴结水肿

图1-78 肠系膜淋巴结水肿

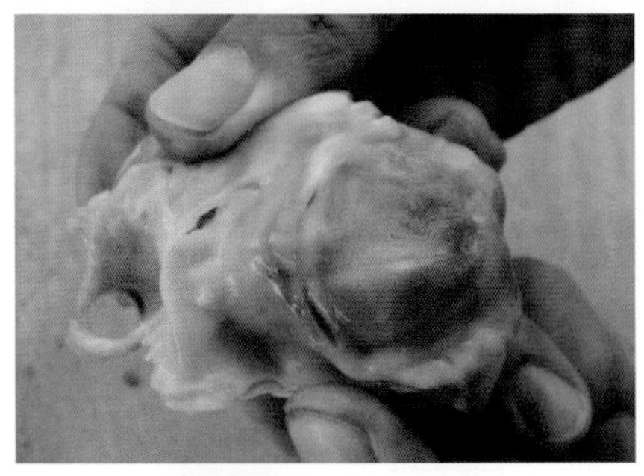

图1-79 喉头黏膜水肿

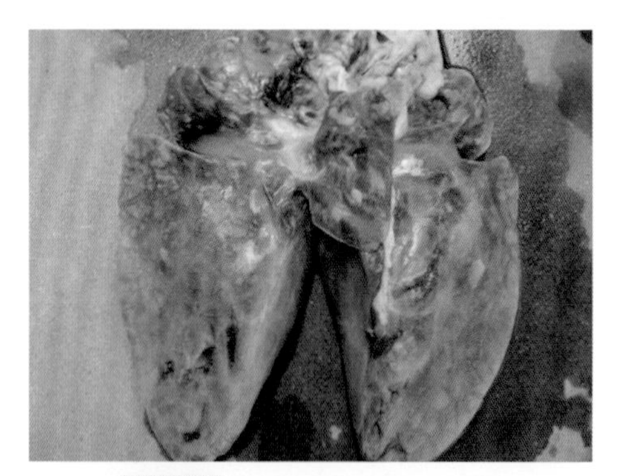

图1-80 肺水肿 有胶冻样渗出

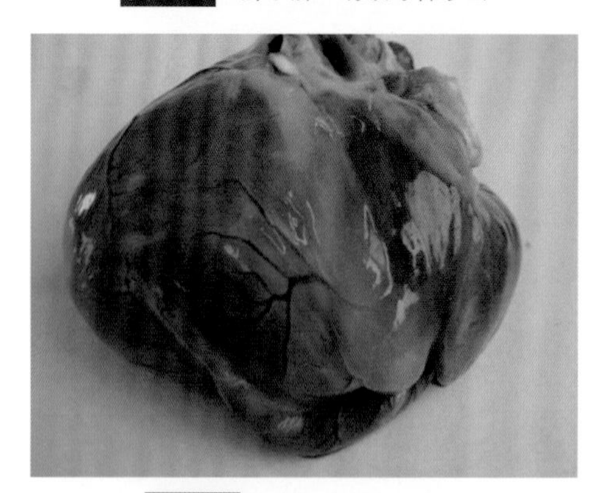

图1-81 心肌冠状脂肪水肿

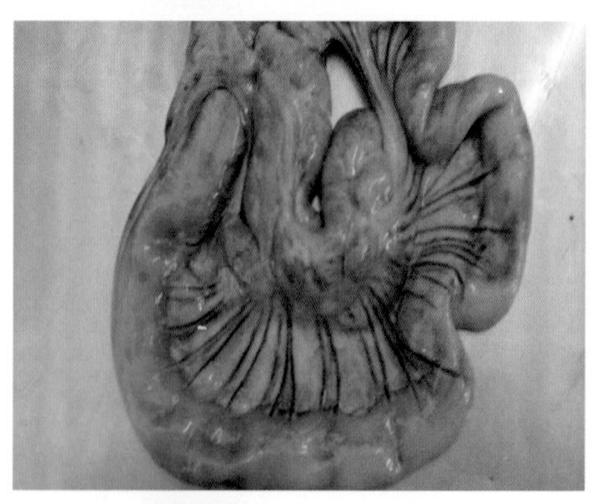

图1-82 肠系膜水肿混浊

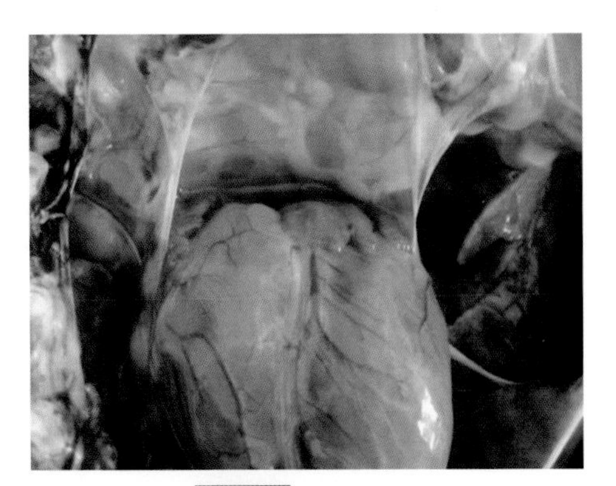

图1-83 心包积液

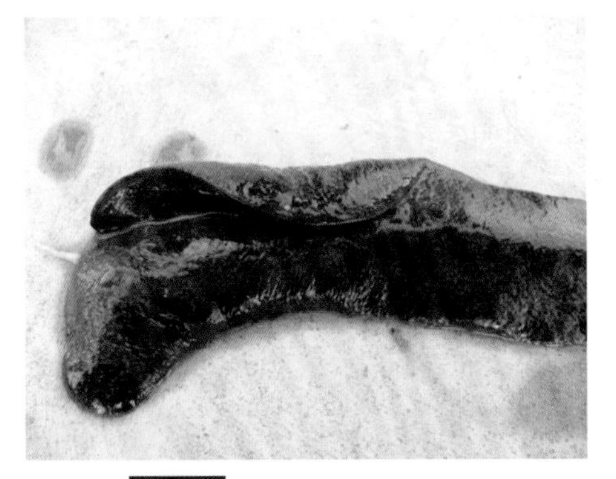

图1-84 脾脏肿胀、卷曲折叠

图1-85 肝脏有黄色脂变

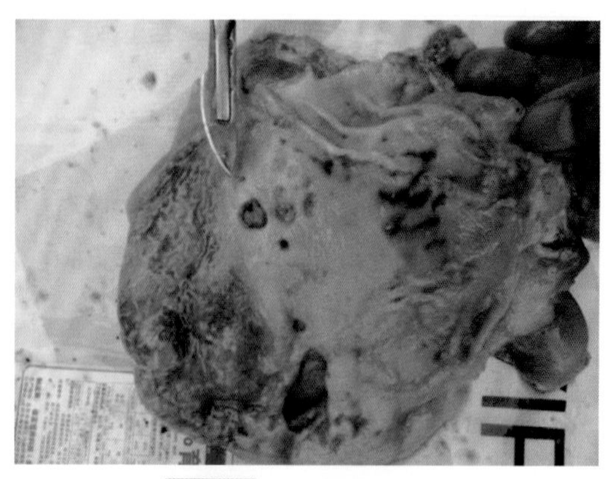

图1-86 胃黏膜严重溃疡

【诊断】

（1）临床特征　鼻炎、眼炎、呕吐、发热。

（2）剖检变化　多器官水肿、脾脏折叠卷曲。

确诊需要实验室检测。

【防治】

本病目前尚无疫苗。

（1）保持猪舍清洁卫生和良好通风，定期消毒，按程序做好有关疾病的防疫工作。

（2）保持饲料新鲜无霉菌及霉菌毒素的污染，保持饮水系统清洁干净。

（3）一旦发现本病发生，要及时诊断、尽早用药。

（4）临床用药

① 清瘟败毒类的中药提取物饮水，每天饮水3 ～ 4小时，连饮3天；

② 选择对肝肾刺激较小的抗生素，如头孢类，肌内注射，每天一次，连用3天；

③ 选择优质高含量的电解多维，连续饮水3 ～ 5天；

④ 必要时应用强心利尿剂。

七、乙型脑炎

【简介】

日本乙型脑炎，简称乙脑，是人畜共患的蚊子传播的病毒性疾病。本病也是猪重要的繁殖障碍性疾病之一，可导致怀孕母猪流产、死胎，公猪感染后发生急性睾丸炎等。小型猪场由于疫苗使用还未重视，此病仍时有发生。

【病原与传播】

乙型脑炎病毒属黄病毒科黄病毒属。乙脑病毒在外界环境中的抵抗力不强，56℃加热30分钟或100℃ 2分钟均可使其灭活。常用消毒药如碘酊、来苏水、甲醛等都有迅速灭活作用。病毒对酸敏感。

蚊虫是该病的主要传播媒介，故常于夏季和初秋流行。病毒可在蚊子体内繁殖、越冬、经卵传代。猪是本病最重要的传染源和储存宿主。猪的饲养量大且每年因大量屠宰致使猪群更新快，新出生的猪均无免疫力且易感，经过一个乙脑流行季节后，几乎100%的幼猪均受到蚊虫叮咬而感染，从而成为新的传染源。

【临床症状】

仔猪表现体温突然升高到40～41℃，精神不振，减食或不食，眼结膜通红，粪便干如球状，上附有黏液，尿色深黄，少数患猪后肢轻度麻痹，关节肿大，瘸腿，盲目乱冲乱撞，最后倒地死亡。

孕母猪主要表现流产、死胎、畸形胎或木乃伊胎等症状（图1-87）；同胎仔猪，均匀度差，有的仔猪正常发育，有些弱

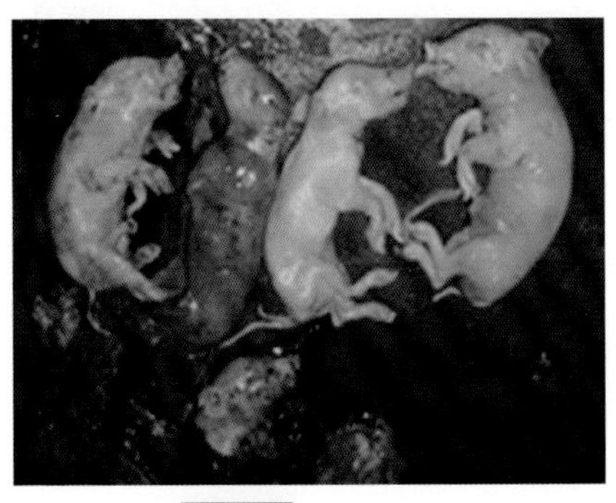

图1-87　流产胎儿

仔产后不久死亡；有的整窝死胎（图1-88）；有的整窝胎儿留在子宫内。

图1-88 整窝死胎

公猪睾丸常出现一侧性或双侧炎性肿大，初期发热有痛感，经3 ～ 5天后，肿胀消退，有的睾丸变小、变硬、失去配种和繁殖能力（图1-89）。

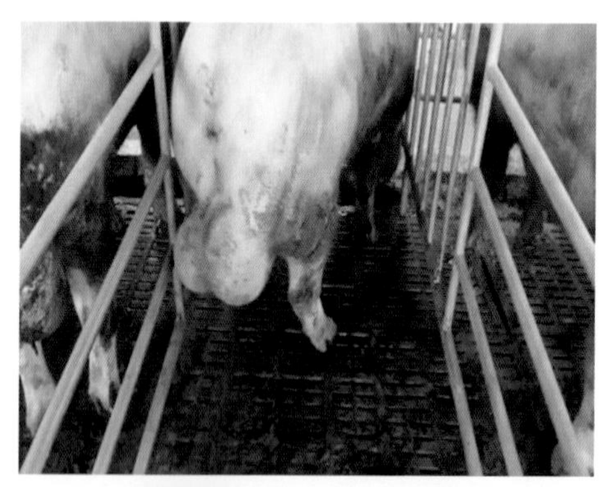

图1-89 公猪睾丸一侧肿大

【病理变化】

死胎大小不一，从拇指大小到正常大，干缩硬固。死胎和弱仔的主要病变是脑水肿（图1-90）。

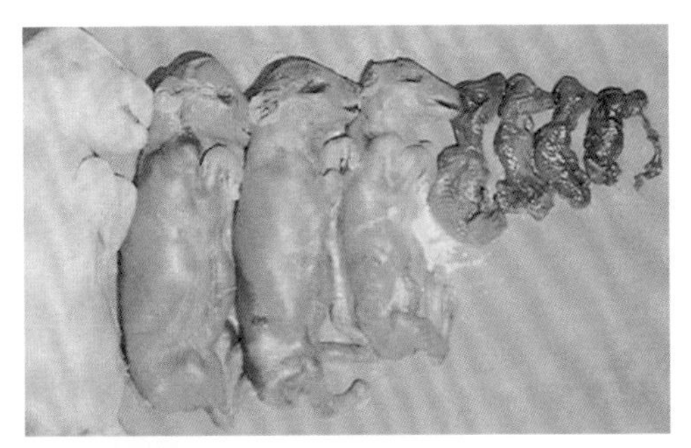

图1-90 整窝胎儿留在子宫内 大小不一

【预防】

（1）免疫预防　受威胁地区于流行前1个月进行猪乙型脑炎弱毒疫苗免疫接种。一般要求3～4月份进行疫苗接种，最迟不宜超过5月中旬。尤其是后备种猪更不能漏防。

（2）杀灭蚊虫　蚊蝇孳生季节，特别要做好猪场灭蚊工作。

（3）加强消毒　定期对猪舍、用具、环境等进行严格消毒，常用消毒药都有很好的消毒作用。

【治疗】

目前无特效治疗药物。

（1）5%葡萄糖注射液250～500毫升，10%维生素C注射液20～30毫升，40%乌洛托品10～20毫升。静脉滴注，每天一次，连用3～5天，有一定治疗效果。

（2）中药治疗　大青叶30克，黄芩、栀子、丹皮、紫草各10克，黄连3克，生石膏100克，芒硝6克，鲜生地50克，用法：水煎至100毫升，候温灌服。

八、猪痘

【简介】

猪痘俗称猪天花，是由痘病毒引起的在皮肤和黏膜出现痘疹的一种急性热性接触性传染病。1月龄左右的仔猪最易感染，成年猪具有抵抗力，但也时有发生。本病多为良性经过，但形成脓毒败血症时可发生死亡。

【病原与传播】

猪痘病毒属于猪痘病毒属中猪痘病毒一个成员。猪痘病毒粒子呈砖形，其病毒基因组很少与其它痘病毒DNA有同源性；据编码的蛋白氨基酸序列显示，猪痘病毒与山羊痘病毒关系比较密切；猪痘病毒对热比较稳定，于37℃放置10 ～ 12天，仍有活力。

猪是猪痘病毒唯一的自然感染宿主，病猪和病愈带毒猪是本病的传染源。多经吸血媒介传播，特别是猪虱，它是猪群间本病传播的主要媒介；病猪的水疱液中含有大量病毒；皮肤或黏膜损伤也是猪痘感染的必要条件；发病乳猪有可能由哺乳的母猪感染。

【临床症状】

本病多发于夏秋季节，常在冬季开始后停息。主要感染幼龄猪，特别是乳猪。痘病变发生于腹下部和前后肢的内侧，偶亦见于背部和腹侧。

病初潜伏期为5 ～ 7天，病初体温升高至41.5℃左右，精神不振，食欲减退，不愿行走，瘙痒，少数猪鼻、眼有分泌物。随之在少毛部位发生红斑，开始为深红色的硬结节，突出于皮肤表面，腹下、头部、四肢及胸部皮肤，略呈半球状，不久变成痘疹。逐渐形成脓泡，继而结痂痊愈（图1-91 ～图1-95）。

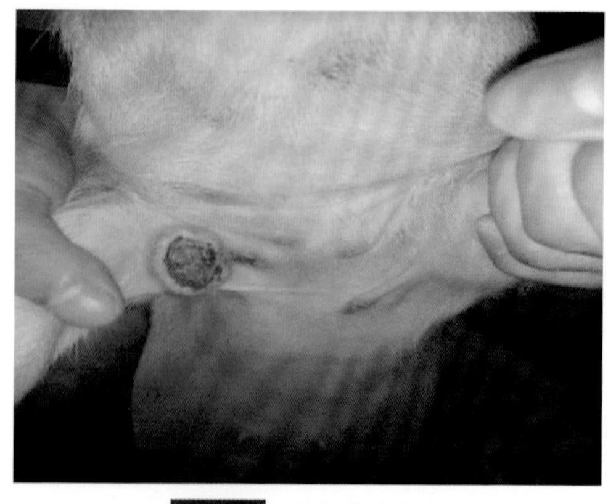

图1-91　胸部皮肤痘疱

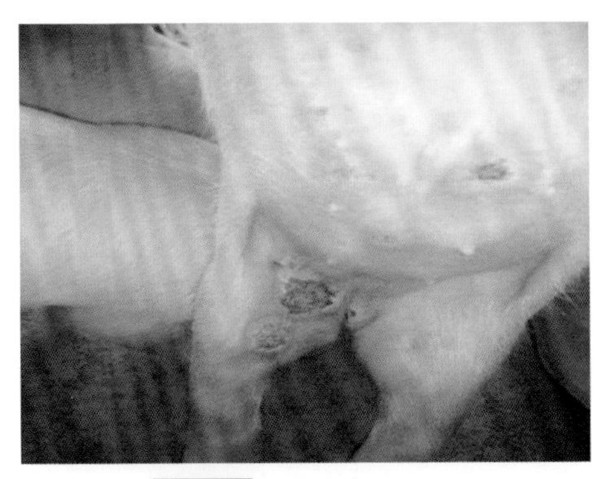

图1-92 股内侧皮肤痘疱

图1-93 胸侧部皮肤痘疱

图1-94 肩胛部皮肤痘疱

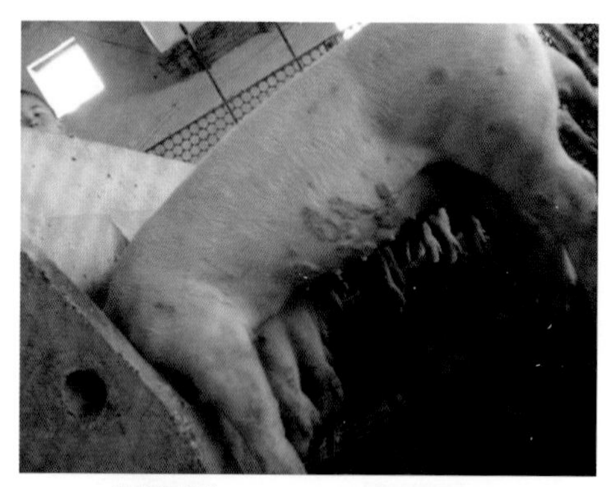

图1-95 腹侧部及臀部皮肤痘疱

多数病理呈现由红斑→丘疹→水疱→脓疱→痂皮的典型病理过程，但有的病猪也可由红斑或丘疹直接被覆痂皮。

【诊断】根据临床症状一般不难诊断。本病可见皮肤痘疹，病情严重的或有并发病的可在气管、肺、肠管处发现痘疹。

该病易与化脓性皮炎和疥螨过敏相混淆，但仔细观察可以区别。

【预防】

（1）加强饲养管理，搞好卫生，做好猪舍的消毒与驱蝇灭虱的工作，保持猪舍干燥。

（2）搞好检疫工作，对新引入猪要搞好检疫、隔离饲养一周，观察无病方能合群。

（3）防止皮肤损伤，对栏圈的尖锐物及时清除，避免刺伤和划伤并防止猪只咬斗。肥育猪原窝饲养可减少咬斗。

【治疗】

（1）局部痘疹可涂2%～5%碘酊或各种软膏。

（2）脓泡发生溃疡时，可先用10%高锰酸钾冲洗，再涂龙胆紫溶液。

（3）抗病毒中药及地塞米松磷酸钠注射液，肌内注射，每日1次，连用2～3次。

九、细小病毒病

【简介】

猪细小病毒病是由细小病毒引起初产怀孕母猪流产、死胎、屡配不孕的繁殖障碍性传染病。在不注重防疫的中小型猪场中时有发生。

【病原与传播】

本病原属细小病毒科、细小病毒属。病毒对外界抵抗力极强，在80℃经5分钟加热才可使病毒失去活性和感染性。但0.5%漂白粉、2%氢氧化钠5分钟可杀死病毒。

不分性别、品种的猪都可感染该病，但只感染初产母猪。本病的发生与季节有关，多发生在母猪产仔和交配后的一段时间。孕母猪感染时间不同，胚胎的死亡率就不一样，早期感染率较高。

【临床症状与病变】

孕母猪产出大部分死胎、弱仔、木乃伊胎（图1-96、图1-97）。大多数母猪临床症状不明显，极少数有轻度的食欲减少现象。另外，还可引起母猪不正常发情和屡配不孕现象。

感染母猪肉眼观察病变不明显。母猪流产时，可见母猪有轻度子宫内膜炎变化，胎盘部分钙化，胎儿在子宫内有被吸收和溶解的现象。胚胎常发育不良，水肿、呈木乃伊状（图1-98～图1-100）。肝、脾、肾时有肿大，脆弱或萎缩。

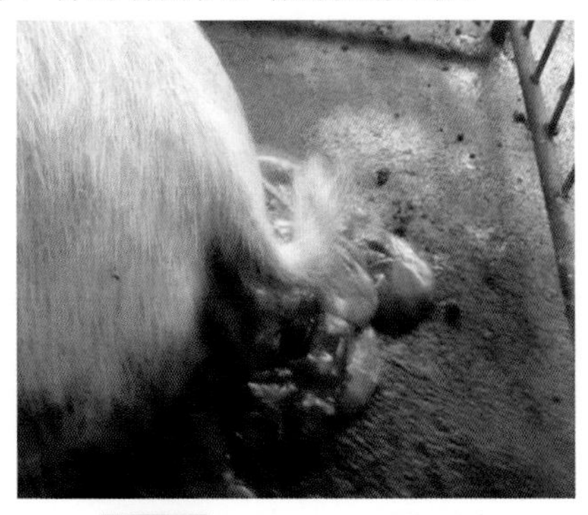

图1-96　母猪流出不足月胎儿

图1-97 母猪产出死胎

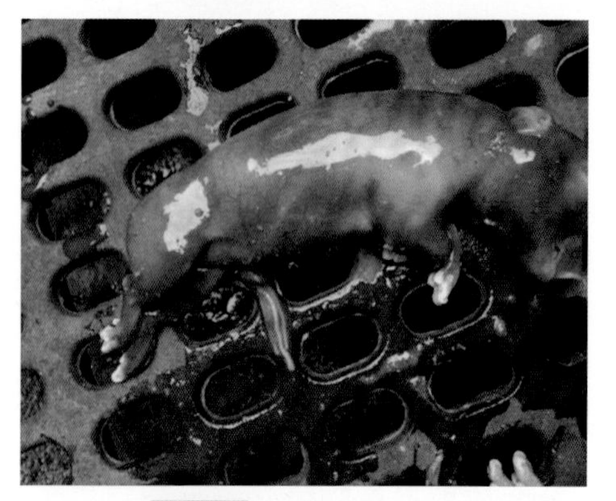

图1-98 子宫内胎儿水肿

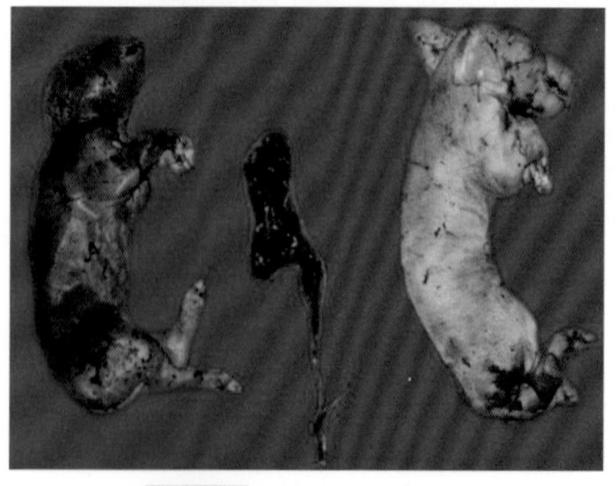

图1-99 子宫内胎儿溶解

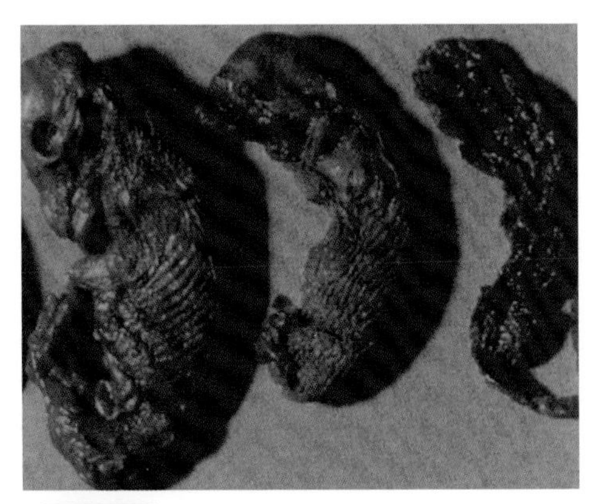

图1-100 子宫内木乃伊胎儿（自中牧股份）

【鉴别诊断】

如果初产母猪发生流产、死胎、胎儿发育不正常等情况，而母猪本身没任何临诊症状，并且同一猪场的经产母猪也没有什么变化，根据流性特点可认为是传染病而不是普通病时，应考虑到细小病毒感染的可能性大。

临床上应与乙型脑炎、伪狂犬病、繁殖障碍性猪瘟、布鲁氏杆菌病、衣原体、钩端螺旋体、附红细胞体、弓形体等引起的流产相区别。

【防治】

（1）适时进行免疫接种，对后备母猪和后备公猪在配种前一个月接种猪细小病毒弱毒疫苗，母猪配种前2个月接种细小病毒灭活菌。疫区可将初配母猪的配种时间推迟到9月龄以后，此时多数初配母猪已建立自动免疫。

每头母猪接种过细小病毒疫苗2次，根据实际情况以后可以不用再防。

（2）引进种猪注意观察，引种后应隔离观察2周，经两次血凝抑制试验，滴度在1 ∶ 56以下或阴性时方可混群。

（3）加强内外环境消毒，平时交替使用消毒药定期对饲喂用具、圈舍及外界环境进行严格消毒。外来车辆和人员也要行严格消毒。

（4）对新生仔猪可口服康复母猪抗凝血或高免血清，每日10毫升，连用3天。发病后要及时补水和补盐，给大量的口服补液盐，防止脱水，用肠道抗生素防止继发感染。

（5）肌注猪白细胞干扰素[育肥猪1头/（瓶•天），仔猪2头/（瓶•天），乳猪4头/（瓶•天)]，每日一次，连用3～5天。

（6）用黄芪多糖进行注射。

十、传染性胃肠炎

【简介】

本病是由猪传染性胃肠炎病毒引起的一种高度接触性胃肠道传染病。2周龄左右的仔猪多发，以呕吐、严重腹泻、高度脱水和高死亡率为主要特征，对仔猪生产威胁极大。

【病原与传播】

猪传染性胃肠炎病毒属冠状病毒科、冠状病毒属、单股RNA，病毒在空肠、十二指肠组织、肠系膜淋巴结含量最高。病毒不耐热，65℃加热10分钟死亡。相反，4℃以下病毒可以长时间保持感染性。在阳光下暴晒6小时即被灭活。紫外线能使病毒迅速灭活，病毒对乙醚、氯仿敏感，用0.5%石炭酸在37℃处理30分钟可杀死病毒。

哺乳仔猪多发，其他日龄的猪也易感，但5周龄以上的猪很少死亡。寒冷季节高发，以每年12月至次年的4月为发病高峰，3～4天内暴发流行，迅速传播。

【临床症状】

仔猪突然发病，首先呕吐（图1-101），接着水样喷射状腹泻，粪便为黄绿色或黄白色，内含有未消化的凝乳块和泡沫，恶臭难闻。由于脱水严重，病猪体重迅速下降，日龄越小，病程越急，传播越迅速，发病越严重，死亡也越快（图1-102～图1-104）。以7～14日龄仔猪死亡率较高。

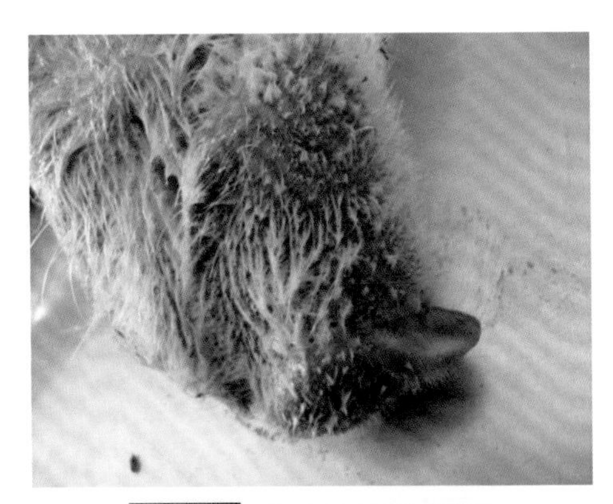

图1-101 仔猪呕吐物挂满嘴角

图1-102 剧烈腹泻黄绿色稀便

图1-103 仔猪严重脱水，全身污秽

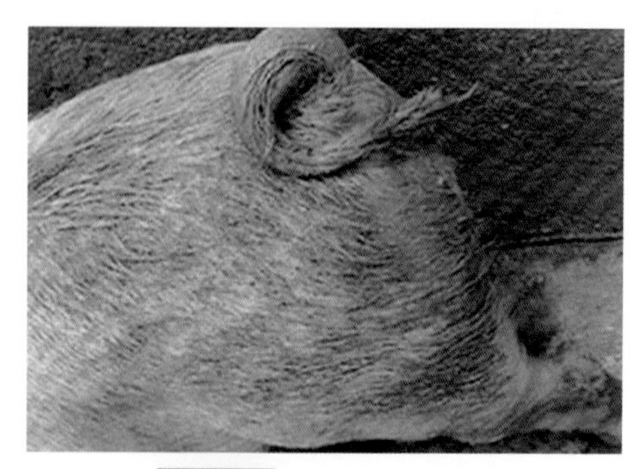

图1-104 成猪黄绿色腹泻

病愈仔猪发育不良。中猪及成年猪通常有数日食欲减少，粪便水样喷射状，排泄物为灰色或褐色，体重减轻。个别有呕吐，腹泻停止后能逐渐康复。病程约1周。成年母猪泌乳减少或停止，腹泻停止后逐渐康复，成年猪一般死亡较少。

【病理变化】

特征性的病理变化主要见于小肠。整个小肠肠管扩张，内容物充满，呈黄色泡沫状，肠菲薄、透明，肠系膜淋巴结肿胀（图1-105、图1-106）；胃内有大量乳白色凝乳块，胃底黏膜轻度充血，并有黏液覆盖，靠近幽门区可见有坏死区，较大猪可见有溃疡灶（图1-107、图1-108）。尸体脱水消瘦。

图1-105 肠管淤血、臌气

图1-106 切开肠管流出黄色内容物

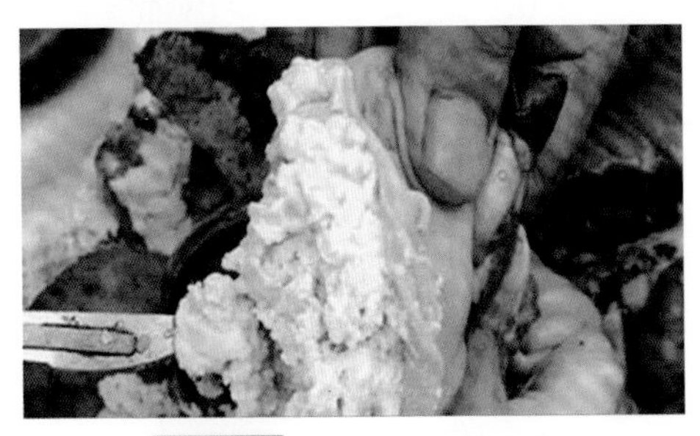

图1-107 胃内有大量凝乳块

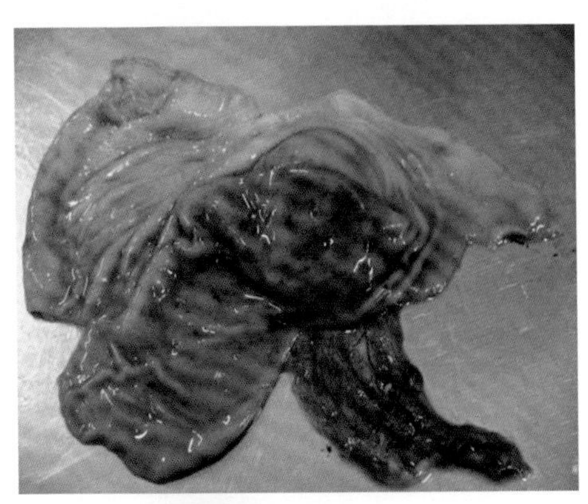

图1-108 胃黏膜有出血

【诊断】

根据发病季节、日龄、呕吐及剧烈恶臭腹泻等临床特点，可做出初步诊断；确诊要进行实验室检查。

【预防】

（1）晚秋、冬季和早春一定要做好猪舍的防寒保温工作,加厚保温垫料并勤更换,必要时可给猪舍加温。

（2）喂以全价的饲料，提高机体的抵抗力。

（3）疫苗接种　怀孕母猪在产前25～30天,每头后海穴注射猪传染性胃肠炎灭活苗3毫升，仔猪可通过吃母乳获得被动免疫效果。

初生仔猪每头后海穴注射0.5～1毫升灭活苗，10～15千克猪每头注射2毫升，50千克以上猪每头注射3毫升，都能获主动免疫。

【治疗】

（1）补水和补盐，防止脱水，给大量的口服补液盐或自配液盐（氯化钠3.5克，碳酸氢钠2.5克,氯化钾1.5克,葡萄糖20克），加常水1000毫升充分溶解，即可饮用。

（2）口服全血、血清，给新生仔猪口服康复猪的全血或血清，有一定的预防和治疗作用。

（3）防止继发感染，口服或注射抗生素，如庆大霉素、黄连素、氟哌酸类。以口服效果好。

（4）收敛、止泻，磺胺脒0.5～4克，小苏打1～4克，次硝酸铋1～5克，口服。射穿心莲5～15毫升，交巢穴注射。

（5）中药口服治疗　黄连8克，黄芩10克，黄柏10克，白头翁15克，枳壳8克，猪苓10克，泽泻10克，连翘10克，木香8克，甘草5克，为30千克猪一天的剂量，用法：加水500毫升煎至300毫升，候温灌服，每天一剂，连服三天。

十一、猪流行性腹泻

【简介】

猪流行性腹泻是由病毒引起的仔猪和育肥猪的一种急性肠道传染病。本病与猪传染性胃肠炎很相似，在我国多发生在12月至

翌年1～2月，常与病毒性腹泻合并发生，夏季也有发病的报道。

【病原与传播】

猪流行性腹泻病毒属于冠状病毒科、冠状病毒属病毒，对外界环境和消毒药抵抗力不强，对乙醚、氯仿等敏感，一般消毒药都可将病毒杀灭。

可发生于任何日龄的猪，年龄越小，症状越重，死亡率越高。

【临床症状】

主要症状是呕吐和水样腹泻（图1-109、图1-110），与猪传染性胃肠炎非常相似，但稀便恶臭腥味不如传染性胃肠炎大。病初体温升高，仔猪吃奶或吃食之后多呕吐。出现腹泻后，体温恢复正常。病猪食欲下降，精神不振。排黄色或浅绿色水样粪便，一

图1-109　病猪严重腹泻

图1-110　腹泻时喷射于猪舍墙壁

般没有死亡，但造成严重脱水时会出现死亡；哺乳后期仔猪和肥育猪发病率很高，经3 ～ 5天后能自愈；成年猪临床症状更轻微。

【诊断】

根据全群发生、冬春多发、剧烈腹泻、粪便不臭、精神尚可、无死亡率等即可确诊。

【防治】

（1）接种猪传染性胃肠炎、猪流行性腹泻二价菌苗（即TP二联苗）。妊娠母猪产前一个月接种疫苗，通过母乳使仔猪获得被动免疫。也可单独用流行性腹泻弱毒苗或灭活苗进行免疫。

（2）白细胞干扰素2000 ～ 3000国际单位，用法：每天1 ～ 2次皮注。

（3）口服补液盐溶液或优质电解多维集中饮水，防止脱水。

（4）盐酸山莨宕碱，仔猪3 ～ 5毫升，大猪10 ～ 20毫升，每天一次，后海穴注射。

（5）应用抗生素防止细菌性继发感染。

（6）用活性炭拌料，每100千克饲料加药0.5千克活性炭，连喂3 ～ 5天。

（7）中药处方　党参、白术、茯苓各50克，煨木香、藿香、炮姜、炙草各30克。用法：水煎取汁加入白糖200克拌湿少量料饲喂。

十二、流行性感冒

【简介】

猪流行性感冒简称猪流感，是由A型猪流感病毒引起的不同年龄和不同品种猪的一种急性、高度接触性呼吸道疾病。该病毒可在猪群中造成流感暴发，每年均有不同程度的发生，对养猪业形成一定威胁。

【病原与传播】

猪流感现已改名为“甲型H1N1”或“A(H1N1)”。甲型H1N1流感病毒是A型流感病毒，携带有H1N1亚型猪流感病毒毒株，包含有禽流感、猪流感和人流感三种流感病毒的核糖核酸基因片断，

同时拥有亚洲猪流感和非洲猪流感病毒特征。甲型流感有很多个不同的品种，计有：H1N1、H1N2、H3N1、H3N2和H2N3亚型的甲型流感病毒都能导致甲型H1N1流感的感染与传播，甲型H1N1流感能够以人传人。

本病多见于气候骤变的晚秋、初冬和早春季节。发病率高、死亡率低，无并发症时多取良性经过，一周左右自行康复，如继发支原体肺炎、传染性胸膜肺炎、副猪嗜血杆菌、多杀性巴氏杆菌和猪链球菌等病死亡。怀孕母猪可能发生流产。

【临床症状】

猪只表现为发热（40.5 ～ 41.7℃）、精神不振、厌食、反应迟钝、挤堆；呼吸困难，咳嗽、喷嚏、流鼻液，眼结膜潮红、流泪、有眼屎（图1-111）；肌肉疼痛、关节疼痛不能站立。

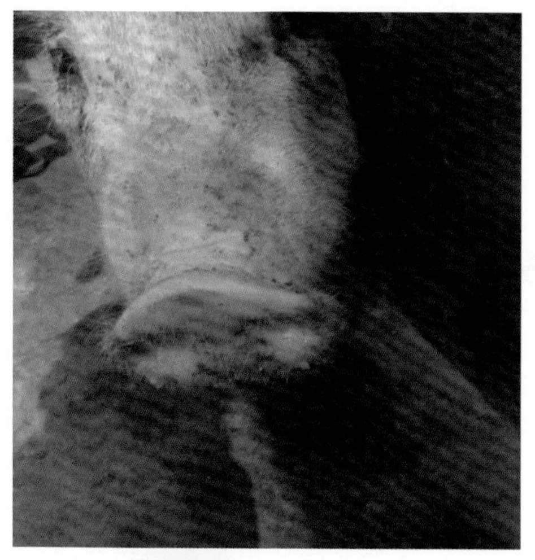

图1-111 流浆液性鼻液

【病理变化】

猪流感的病理变化主要在呼吸器官。鼻、咽、喉、气管和支气管的黏膜充血、肿胀，表面覆有黏稠的液体，肺叶充血甚或实变（图1-112）；胸腔、心包腔蓄积大量混有纤维素的浆液；严重时肺脏与周围器官发生粘连（图1-113）。如果并发细菌疾病，则病变更为复杂。

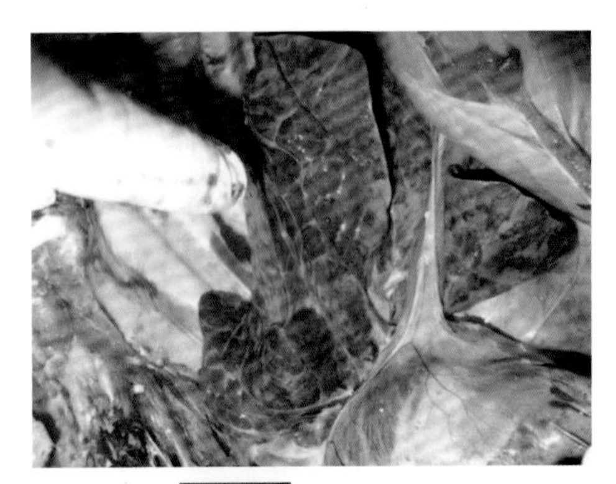

图1-112 间质性肺炎

图1-113 肺与胸壁粘连

【防治】

（1）免疫接种　接种流感疫苗是预防猪流感发生，最有效的方法。目前市场上的疫苗有灭活疫苗和亚单位疫苗。接种后，对同一血清型的流感病毒感染有较好的预防作用。由于流感亚型太多，在实际生产中防疫猪流感苗较少。

（2）加强饲养管理　提高圈舍温度、避免贼风侵袭；供给清洁饮水，饲喂全价饲料，提高猪体抵抗力。

（3）控制继发感染　可在饲料或饮水中添加有效抗生素及中药产品。

（4）消毒　受威胁猪群应每日喷雾猪体、猪舍、运动场所等，每日1次，连用3日。

（5）抗病毒　病毒唑5～10毫升，肌内注射，对流感病毒有一定的控制作用。

（6）解热镇痛　安乃近、氨基比林、复方奎宁或柴胡等注射液，肌内注射10～20毫升。

第二章 细菌性疾病

一、仔猪副伤寒

【简介】

仔猪副伤寒也称猪沙门氏菌病，是由沙门氏菌引起仔猪的一种传染病。分为急性败血型和肠型两种，是断奶前后仔猪、保育猪和中大猪的常见传染病之一。

【病原与流行】

沙门氏菌属细菌菌体两端钝圆、中等大小、直杆菌。革兰氏染色阴性，无芽孢、无荚膜，具有周鞭毛，能运动，绝大多数具有菌毛，能吸附于宿主细胞表面和凝集细胞。

常发生于断奶前仔猪和保育猪，特别是2月龄左右仔猪多见，一年四季均可发生，多雨潮湿、寒冷、季节交替时发生率高。败血型沙门氏菌病死亡率很高，常见与猪瘟混感。

【临床症状】

1. 急性（败血）型

体温升高（41～42℃），拒食，耳根、胸前、腹下等处皮肤出现紫斑（图2-1）。后期见下痢、呼吸困难，咳嗽，跛行，经1～4天死亡。发病率低于10%，病死率可达20%～40%。

图2-1 病猪皮肤多处发紫

2. 慢性（肠型）型

临床多见，似肠型猪瘟，表现体温升高（40.5 ～ 41.5℃），消瘦、腹泻、脱水，顽固性下痢的常称为僵猪（图2-2、图2-3）；粪便稀薄多见黄色、绿色、黑色或灰白色（图2-4 ～图2-7），粪便中常混有血液坏死组织或纤维素絮片。部分病猪在病中后期皮肤出现弥漫性痂状湿疹（图2-8）。病程可持续数周，极易形成僵猪。

图2-2 大群腹泻（肠型）

图2-3 个别极度消瘦，形成僵猪

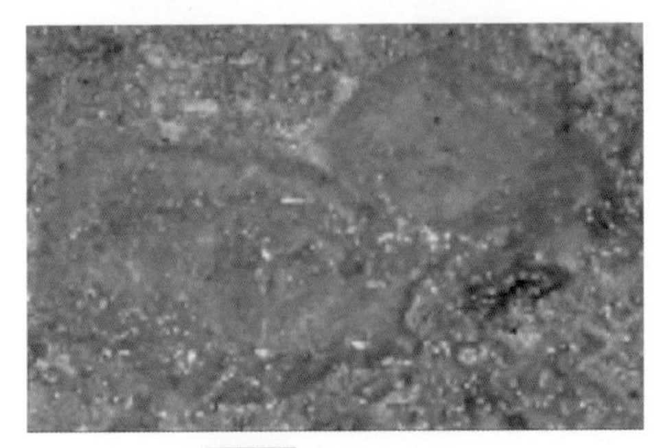

图2-4 稀便呈绿色

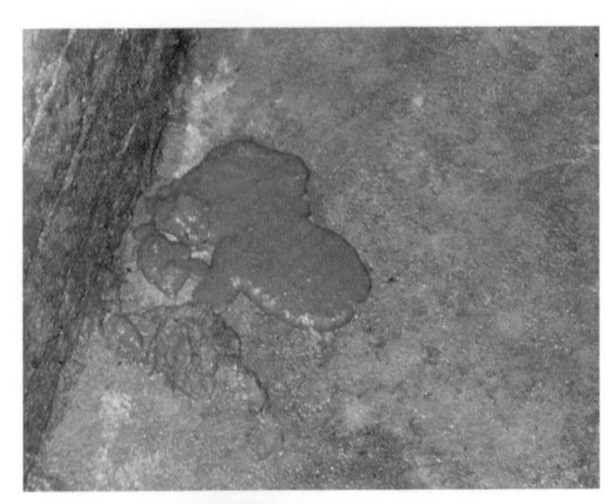

图2-5 稀便呈灰色

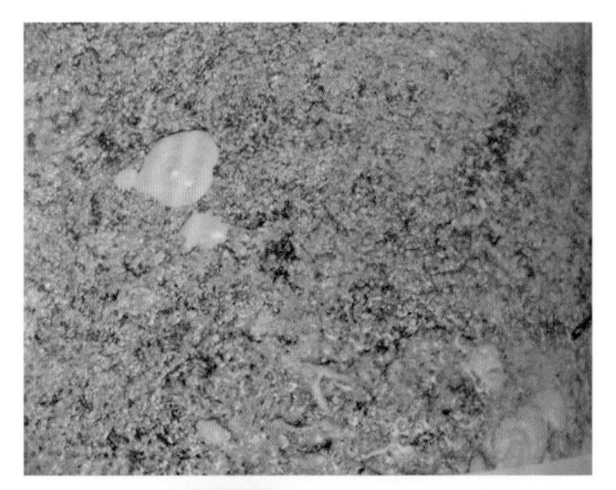

图2-6 稀便呈黄色

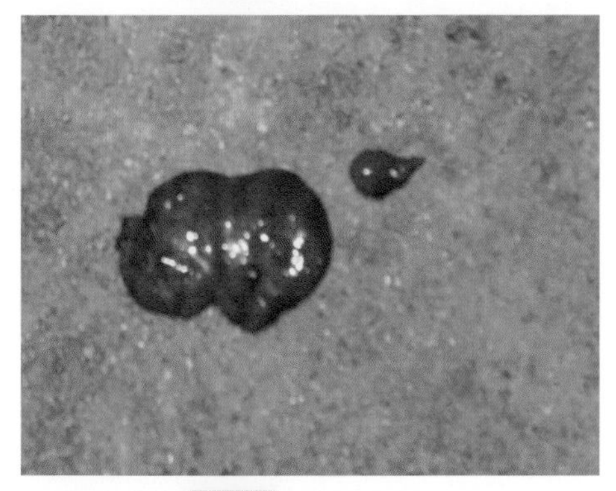

图2-7 稀便呈黑色

图2-8 皮肤呈弥漫紫红色湿疹

【病理变化】

肝脏肿大有黄白色坏死灶（图2-9），肠系膜淋巴结索状肿大，肠管鼓气，黏膜出血（图2-10～图2-12），盲肠、结肠和回肠有特征性的纤维素性-坏死性肠炎，肠壁增厚，黏膜潮红，黏膜表面覆盖一层弥漫性坏死和麸皮状物，剥离见基底潮红，边缘留下不规则堤状溃疡面（图2-13）。

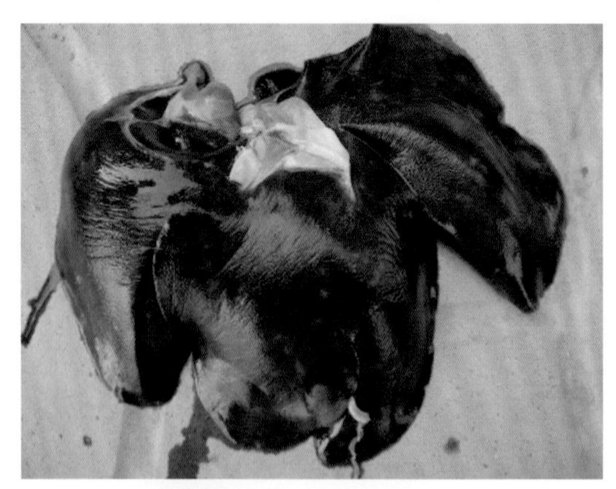

图2-9　肝脏有黄白色坏死灶

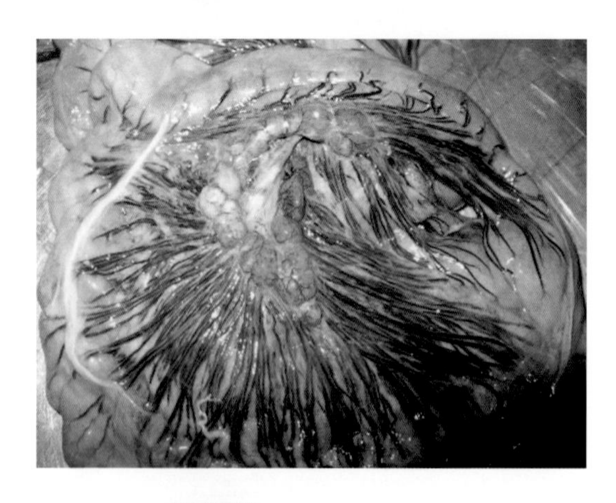

图2-10　肠系膜淋巴结肿大

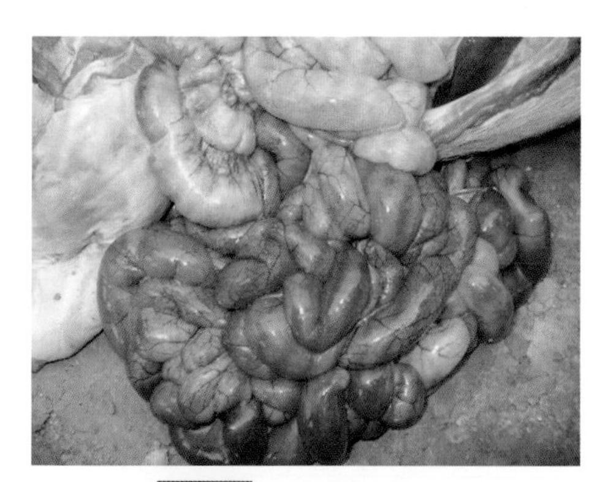

图2-11 肠管充血、鼓气

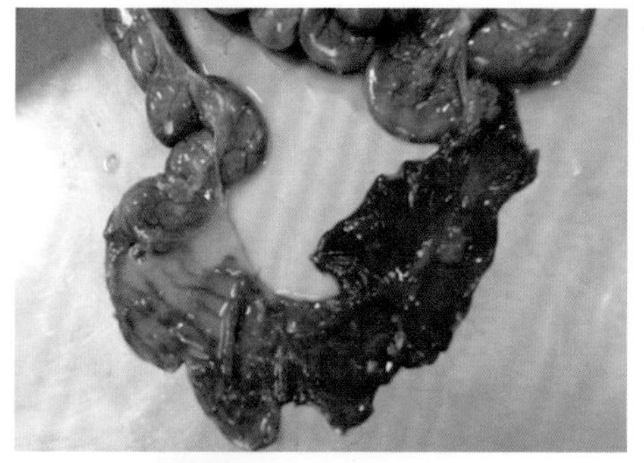

图2-12 空肠黏膜出血严重

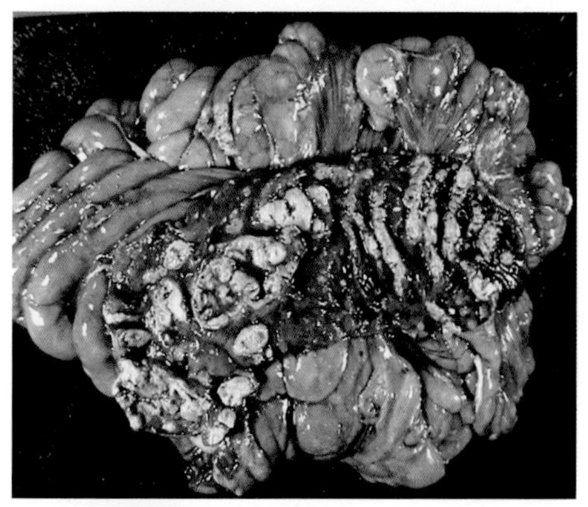

图2-13 结肠黏膜有麸皮样物覆盖

【诊断】

根据日龄、临床症状和病理变化可做初步诊断，确诊应进行实验室检验。

【防治】

（1）预防

① 加强饲养管理，坚持自繁自养，防止传染源的侵入。

② 接种弱毒菌苗。仔猪副伤寒弱毒冻干苗1 头份,用法：断奶前后一次喂服或肌内注射。

（2）治疗

① 头孢喹肟混悬液，按说明肌内注射。

② 氟苯尼考注射液，按说明肌内注射。

③ 丁胺卡那霉素注射液20万～40万国际单位,用法：一次肌内注射，每日2 ～ 3 次。

④ 盐酸土霉素，0.6 ～ 2克，分2 ～ 3 次喂服。

⑤ 活性炭，0.5千克拌料100千克，饲喂3 ～ 5天。

⑥ 中药治疗。黄连15克、木香巧克、白芍20克、槟榔10克、获茎20克、滑石25克、甘草10克。用法：水煎，分3次服完，每日2 次，连用2 ～ 3 剂。

二、大肠杆菌病

【简介】

大肠杆菌广泛分布于自然界，主要栖息于人及恒温动物肠道。因为它有维护肠腔生态平衡、生物拮抗、维生素合成等重要作用，一直作为正常肠道菌群的组成部分。但大量研究表明，一些特殊血清型的大肠杆菌是病原性的，有的血清型还具有广泛的致病性，目前人们根据大肠杆菌病致病性的大小将其分为致病性菌株、条件致病性菌株和非致病性菌株。本病广泛存在于各地，给养殖业造成了严重的损失。

大肠杆菌病是仔猪发生肠炎、肠毒血症为特征的一种急性消化道传染病，该病包括仔猪黄痢、仔猪白痢和猪水肿三种病，发

病迅速，死亡率高，在各地发生普遍，对猪场危害较大。

【病原】

致病性大肠杆菌（EPEC）属于肠杆菌科埃希氏菌属中的大肠埃希氏菌，简称大肠杆菌。该菌为革兰氏阴性杆菌，单在或成队排列，多数菌株有荚膜，约50%菌株具有周身鞭毛，一般为4～6根。许多菌有菌毛，不形成芽孢，具有不同的血凝活性。本菌为兼性厌氧菌，有呼吸和发酵两种类型。在普通培养基上容易生长。

1. 仔猪黄痢

多发于7日龄左右仔猪；带菌母猪是传染源，死亡率较高。

【临床症状】

病猪拉黄色糊状稀便，内含气泡或凝乳片（图2-14、图2-15），严重脱水，1～2天因败血或脱水死亡。

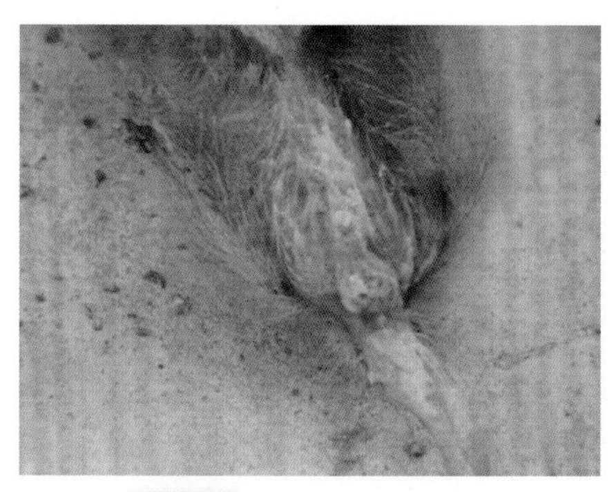

图2-14 仔猪黄色稀便腹泻

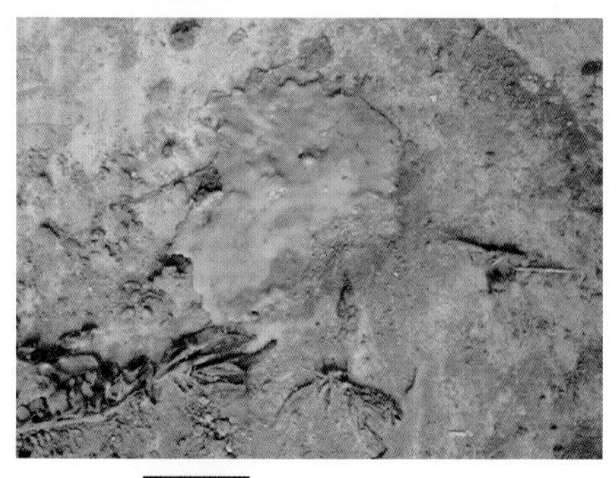

图2-15 稀便呈黄色糊状

【病理变化】

肠管松弛膨大，内含多气泡液体（图2-16）；小肠黏膜充血，出血。

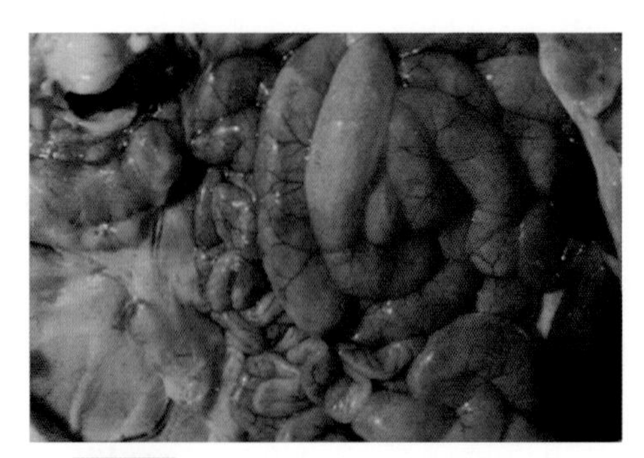

图2-16 小肠管充血鼓气、有黄色内容物

【诊断】根据出生日龄和黄色糊状稀便即可以初步确诊。

【防治】

（1）母猪产前3周注射仔猪黄白痢疫苗

（2）产房要严格消毒

（3）药物治疗

① 丁胺卡那霉素注射液20万国际单位。用法：一次肌内注射或灌服，每日2～3次，连用3天。

② 庆大霉素，口服，每千克体重4～11毫克，1天2次；肌内注射，每千克体重4～7毫克，1天1次。环丙沙星，每千克体重2.5～10.0毫克，1天2次，肌注。硫酸新霉素，每千克体重15～25毫克，每天2～4次。

③ 中药疗法：白头翁2克、龙胆末1克。用法：研末一次喂服，每日3次，连用3天。大蒜100克、5%乙醇100毫升、甘草1克。用法：大蒜用乙醇浸泡7天以后取汁1毫升，加甘草末1克，调成糊状一次喂服，每日2次至痊愈。

临床实践证明，中西药结合应用效果更佳。

2. 仔猪白痢

多发生于10～14日龄仔猪；气温多变、阴雨潮湿、母猪乳汁

改变和环境卫生不良等原因诱发本病；死亡率不高，但严重阻碍生长发育。

【临床症状】

病猪排乳白色、灰白色粥样稀粪（图2-17、图2-18）。

图2-17 仔猪排出灰白色稀便

图2-18 稀便呈白色糊状

【诊断】

根据出生日龄和白色糊状稀便即可确诊。

【防治】

（1）母猪产前3周注射仔猪黄白痢疫苗

（2）产房严格消毒

（3）药物应用

① 硫酸庆大小诺霉素注射液8万～16万国际单位，5%维生素B_1注射液2～4毫升。肌内或后海穴一次注射，每日2次，连用2～3天。

② 黄连素片1～2克、硅炭银1～2克。用法：一次喂服，每日2次，连用1～2天。

③中药：白头翁50克、黄连50克、生地50克、黄柏50克、青皮25克、地榆炭25克、青木香10克、山楂25克、当归25克、赤芍20克。用法：水煎喂服10只小猪，每日1剂，连用1～2剂。

3. 仔猪水肿病

多发于断奶后的保育猪，发病率约20%，但病死率高，与饲料或饲养方法突然改变有关。体况健壮、生长速度快的仔猪易发。

【症状与病变】

无体温反应，步态不稳、易跌到，盲目行动，肌肉抽搐，皮肤过敏，惊厥倒地，四肢跪趴或倒地乱划，叫声嘶哑或尖叫（图2-19）；眼睑或面部水肿（图2-20），腹围增大。

各组织发生水肿，特别是胃壁的大弯和贲门部水肿明显，肠壁及系膜水肿（图2-21、图2-22）等。

图2-19 四肢跪趴

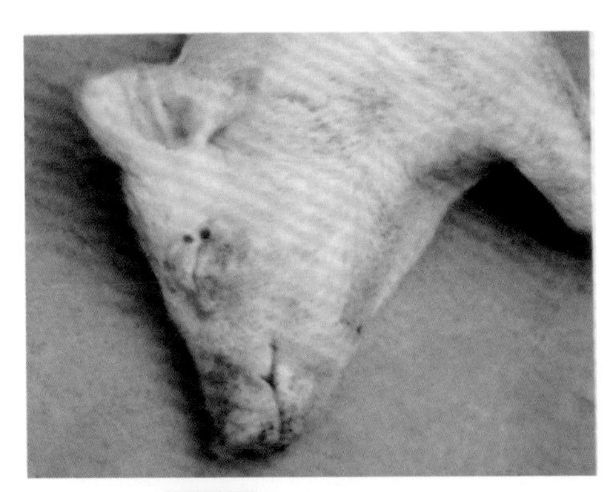

图2-20 眼睑、面部水肿

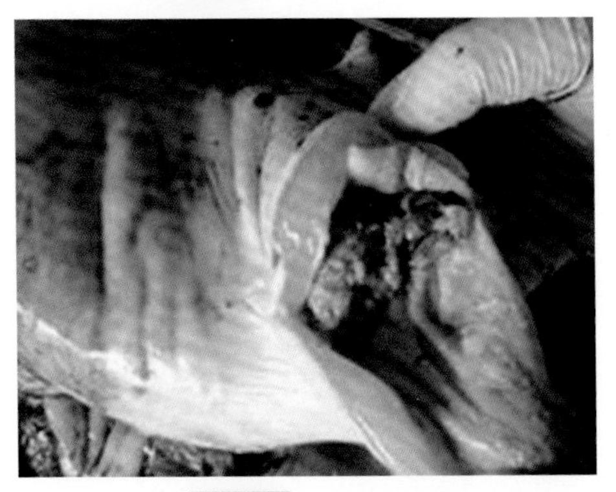

图2-21 胃壁水肿

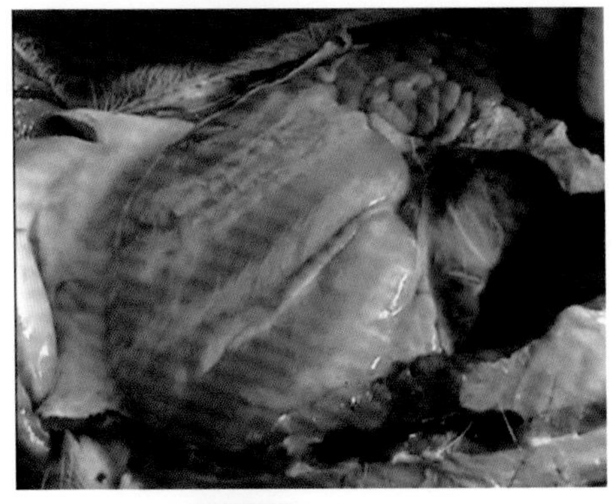

图2-22 结肠水肿

【诊断】

根据发病日龄、神经症状和各组织水肿即可确诊。

【防治】

（1）注射仔猪水肿病灭活苗。

（2）仔猪断奶后要逐渐更换饲料，至少要有一周过渡时间。

（3）饲料中可添加大蒜素，连续饲喂一个月。

（4）药物应用

① 特异治疗：可用抗水肿病血清。

② 50%葡萄糖注射液20毫升，樟脑磺酸钠1毫升，地塞米松注射液1毫克，25%维生素C注射液2毫升。用法：一次静脉推注，连用1～2次。

③ 50%葡萄糖注射液40～60毫升，40%乌洛托品注射液10毫升。用法：一次静脉注射，每日1次，连用2～3天。

④ 丁胺卡那霉素注射液20万～40万国际单位。用法：一次后海穴注射，每日2次，连用2～3次。

⑤ 中药：白术9克、木通6克、茯苓9克、陈皮6克、石解6克、冬瓜皮9克、泽泻6克。用法：水煎，分2次喂服，每日1剂，连用2剂。

三、链球菌病

【简介】

链球菌（图2-23）病是由β溶血性链球菌引起的多种人畜共患病的总称，猪链球菌病的临床表现多种多样，可以引起败血症、脑炎、关节炎和淋巴结化脓等。

【病原与流行】

猪链球菌病病原分为：D群（即R、S群）链球菌（人畜共患）、L群链球菌（化脓性败血症）、E群链球菌（脓肿）。

本病的流行带有明显的季节性，以5～11月份多见。猪、马属动物、牛、绵羊、山羊、鸡、兔、水貂以及鱼等均有易感性。病猪和死猪是主要传染源，无症状和病愈后的带菌猪也可排出病

菌成为传染源。可经呼吸道和受损的皮肤及黏膜感染，猪群打斗造成的咬伤及初生仔猪断脐处理不当均可引发感染。

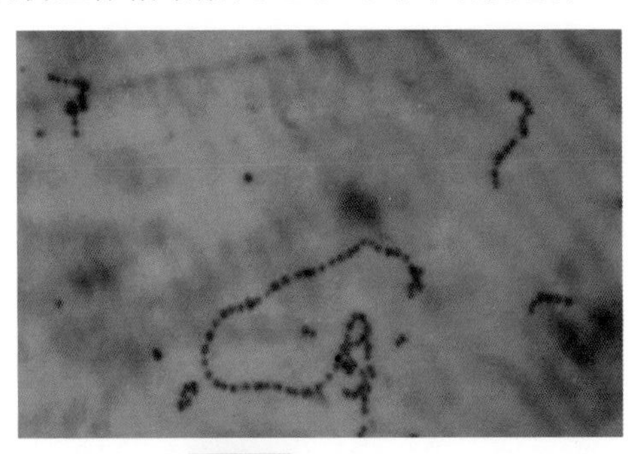

图2-23 镜下链球菌

【临床症状】

1. 败血型

病猪突然停食，体温升高至41.5℃ 以上，鼻端、四肢及尾根呈紫色，但更多病猪死前未见明显临床症状，最急性者几小时内死亡，大部分病猪1 ～ 2天内死亡，以至畜主误认为天气闷热中暑或因注射疫苗引起过敏反应死亡。

急性者常突然发病，病初体温升高达40 ～ 41.5℃，继而升高到42 ～ 43℃，食欲减少或不食，喜饮水，眼结膜潮红，呼吸迫促，间有咳嗽，鼻孔有血性或脓性分泌物。颈部、耳廓、腹下、臀部、会阴及四肢下端皮肤呈紫红色，并有出血点（图2-24）。个别病例出现便秘或腹泻。病程稍长，多在3 ～ 5天内因败血-心力衰竭而死亡。

图2-24 皮肤多处紫斑（败血型）

2. 关节炎型

多由急性型转变而来，主要表现多发性关节炎。一肢或多肢关节发炎。关节周围肌肉肿胀，瘸腿，有痛感，站立困难，严重病例后肢瘫痪（图2-25、图2-26）。

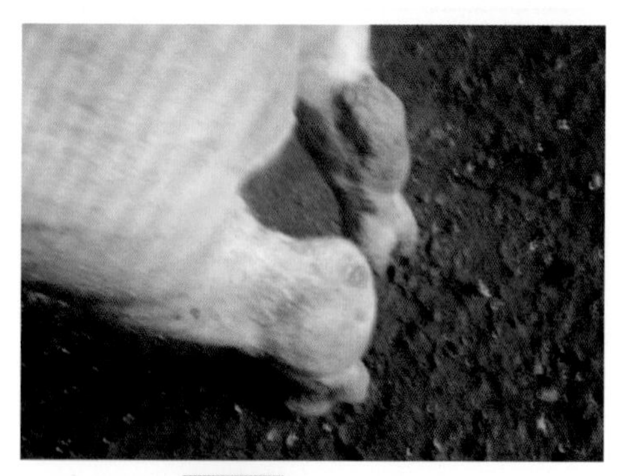

图2-25 跗关节肿胀

图2-26 肘关节肿胀

3. 脑膜炎

主要由C群链球菌引起，以脑膜炎为主症的急性传染病。多见于哺乳仔猪和断奶仔猪。哺乳仔猪的发病常与母猪的带菌有关。

神经症状明显：盲目走动，步态不稳，或作转圈运动，磨牙、空嚼；当有人接近或触及躯体时，发出尖叫声，或抽搐或突然倒地，口吐白沫，四肢划动（图2-27）；继而衰竭或麻痹，急性死亡；亚急性病程稍长。

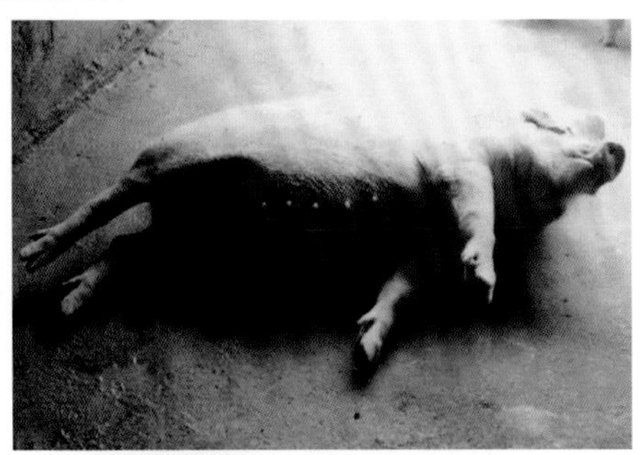

图2-27 神经症状：游泳姿势

4. 淋巴结脓肿型

多由E群链球菌引起。以颌下等处淋巴结形成脓肿或化脓为特征（图2-28）。

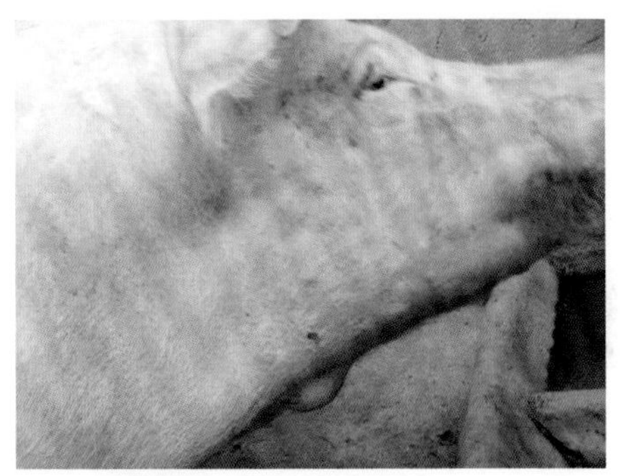

图2-28 颌下淋巴结肿胀、化脓

5. 其他病型

C群、D群、E群、L群β型溶血性链球菌经呼吸道感染，引起肺炎或胸膜肺炎；经生殖道感染引起不育和流产。

【病理变化】

心肌柔软、色淡呈煮肉样、心肌内膜出血，心耳、主动脉壁（图2-29～图2-31）；急性病例肺水肿，多呈间质性肺炎，肺门淋巴结出血（图2-32、图2-33）；脾脏败血呈黑色（图2-34）；脑膜充血、出血；患病关节多有浆液性纤维素性炎症（图2-35）；淋巴结化脓（图2-36）。

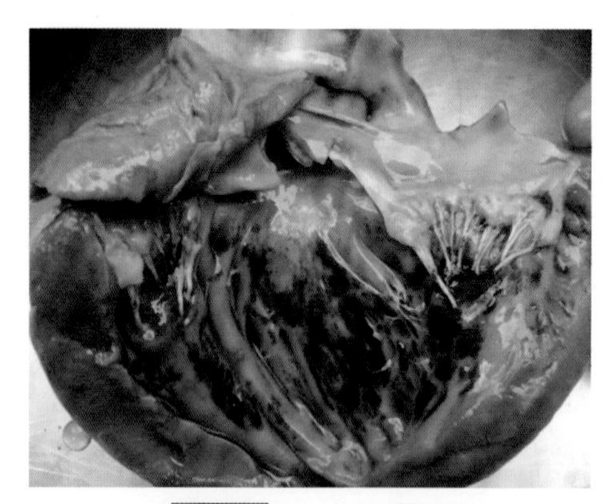
图2-29 心肌内膜出血

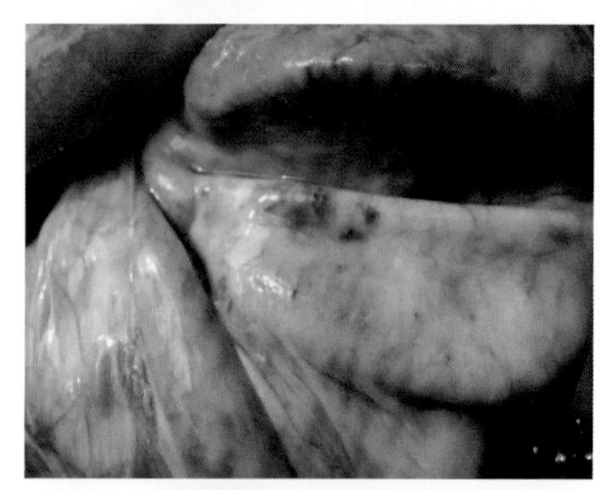
图2-30 主动脉壁出血

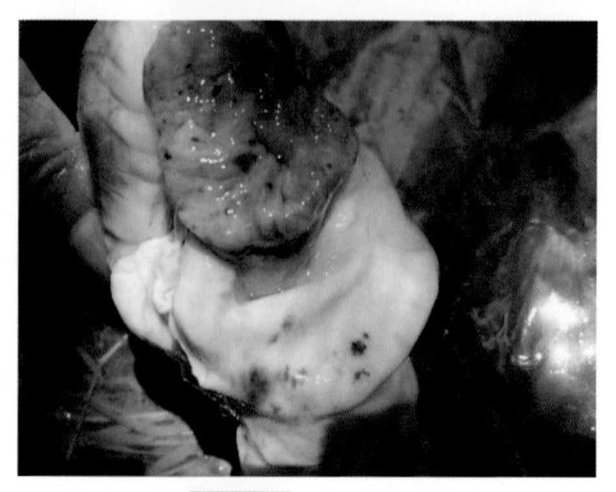
图2-31 心耳出血

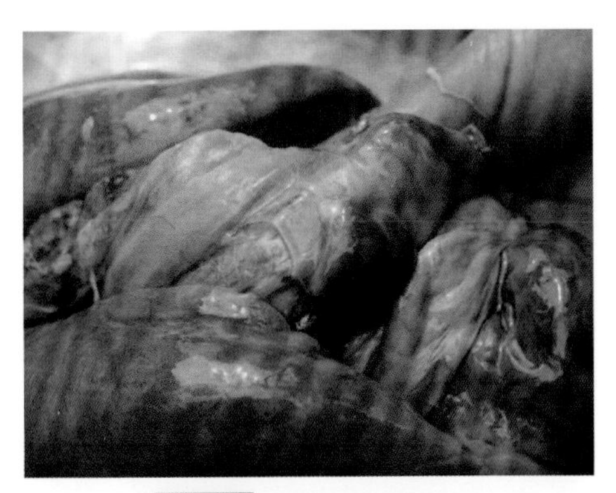

图2-32 肺门淋巴结出血

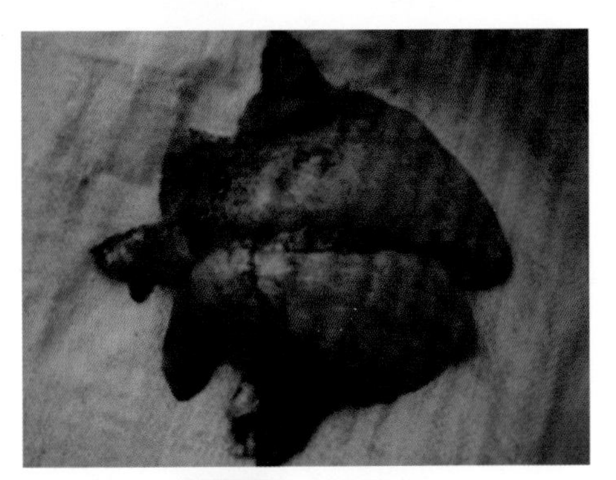

图2-33 间质性肺炎

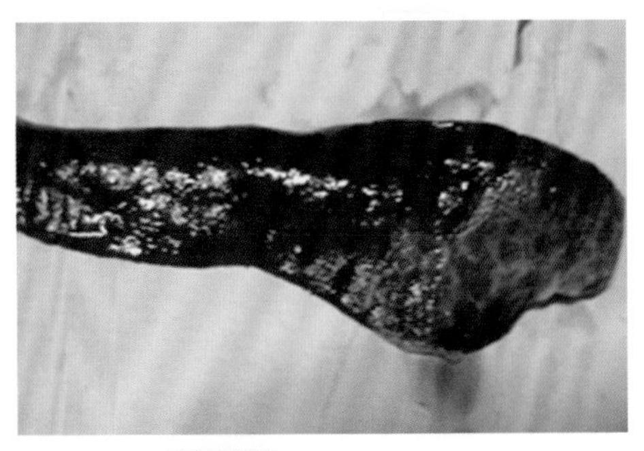

图2-34 脾脏败血发黑

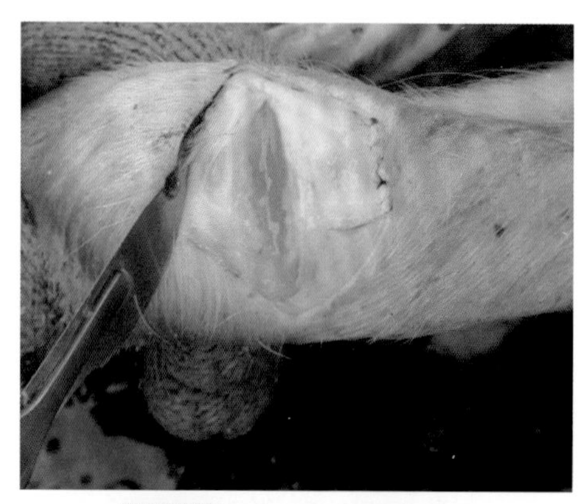

图2-35 关节内纤维素性炎症

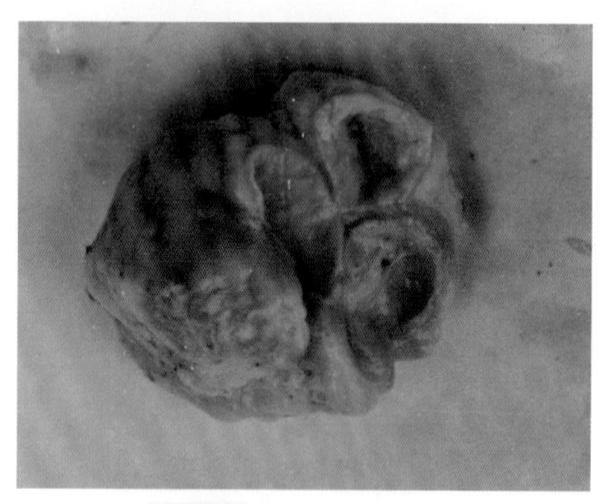

图2-36 化脓性淋巴结炎

【诊断】

根据症状和病变可初步诊断，确诊应做分离培养和动物接种试验。

【防治】

（1）应加强管理，减少应激，避免把日龄差异在2周龄以上猪只放在一起混养。

（2）使用链球菌活疫苗，在仔猪断奶后注射2次，间隔21天。母猪分娩前注射2次，间隔21天，以通过初乳母源抗体保护仔猪。

（3）治疗

① 败血型链球菌病：要应用头孢类、氟苯尼考等注射或饮水。

② 淋巴结脓肿型：要切开脓汁排除脓汁，用消毒药液进行冲洗；肌内注射青霉素等药物。

③ 脑膜脑炎型和关节炎型：大剂量应用磺胺类药物肌注或静注，每日2次，连用3～5天。

四、猪肺疫

【简介】

猪肺疫又称猪巴氏杆菌病，俗称“锁喉风”。主要发生于中、小猪，成年猪患病较少。

【病原与传播】

多杀性巴氏杆菌，为细小球杆菌，宽0.25～0.4微米，长0.5～1.5微米。革兰氏染色为阴性。无鞭毛，不形成芽孢。新分离的强毒菌株具有荚膜，但在培养基培养时，荚膜迅速消失。在血液和组织的病原菌，用美蓝、石炭酸复红，用瑞氏或姬姆萨液染色，菌体呈明显的两极着色特性。

巴氏杆菌是一种条件性致病菌，就在猪的上呼吸道中常存在，只是数量少，毒力弱。但当猪群拥挤、圈舍潮湿、长途运输或气候突变等应激因素存在时，猪的抵抗力下降，巴氏杆菌乘机繁殖，毒力增强，引起发病。

【临床症状】

潜伏期长短不一，随细菌毒力强弱而定，自然感染的猪快者为1~3天，慢者为5~14天。

有的猪头天晚吃喝如常，无明显临诊症状，次晨已死在圈内。症状明显的可见体温升高至41℃以上，废食，精神沉郁，寒战，可视黏膜发绀，耳根、颈、腹等部皮肤出现紫红色斑。较典型的症状是急性咽喉炎，颈下咽喉部急剧肿大，呈紫红色，触诊坚硬而热痛，重者可波及尾根和前胸部，致使呼吸极度困难，叫声嘶哑，常两前肢分开呆立，伸颈张口喘息，口鼻流出白色泡沫液体，有时混有血液，严重时呈犬坐姿势张口呼吸，最后窒息而死。病程1~2天，病死率很高（图2-37～图2-39）。

图2-37　犬坐姿势，呼吸困难

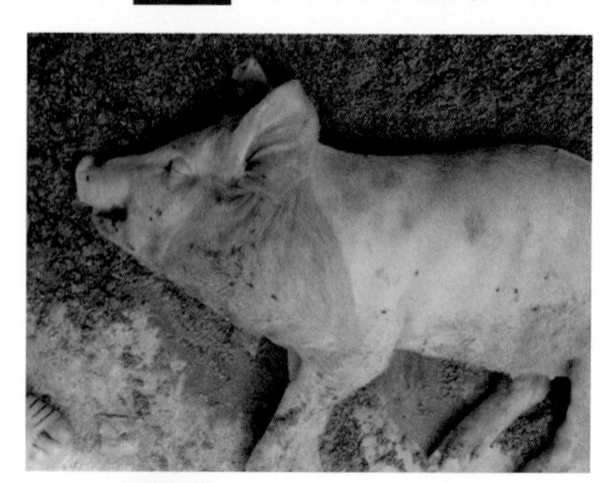

图2-38　下颌水肿部位呈黑紫色

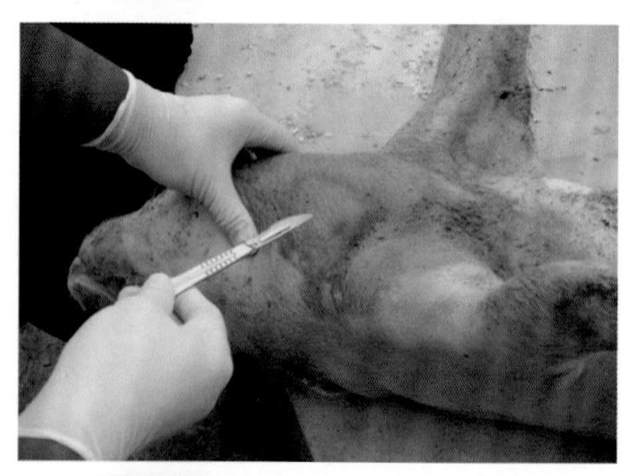

图2-39　下颌高度水肿突出于皮肤

【病理变化】

全身皮下、黏膜有明显的出血。下颌淋巴结肿胀出血（图2-40）；在咽喉部黏膜因炎性充血、水肿而增厚，使黏膜高度肿胀、引起声门部狭窄，喉头水肿、出血，周围组织有明显的黄红色出血性胶冻样浸润（图2-41）；肺充血、水肿、间质性肺炎；胸腔和心包内积有多量淡红色混浊液体，甚至心包、胸膜和胸壁发生粘连（图2-42、图2-43）。

【防治】

（1）加强饲养管理　本病预防必须消除降低猪体抵抗力的一切不良因素，加强饲养管理，做好兽医卫生工作，以增强机体的抵抗力，防止发生内源性感染。

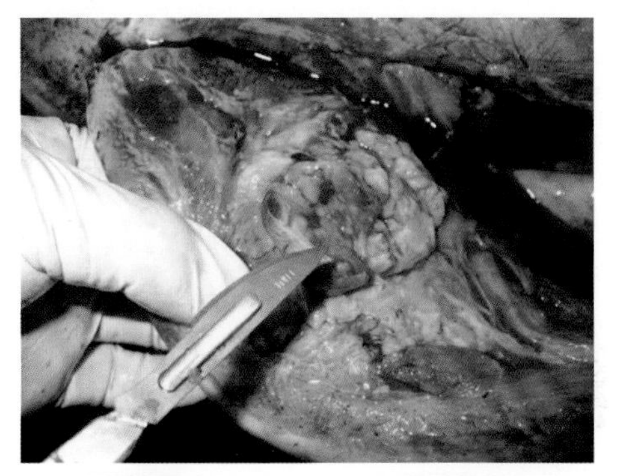

图2-40　皮下有淡血水、淋巴结出血

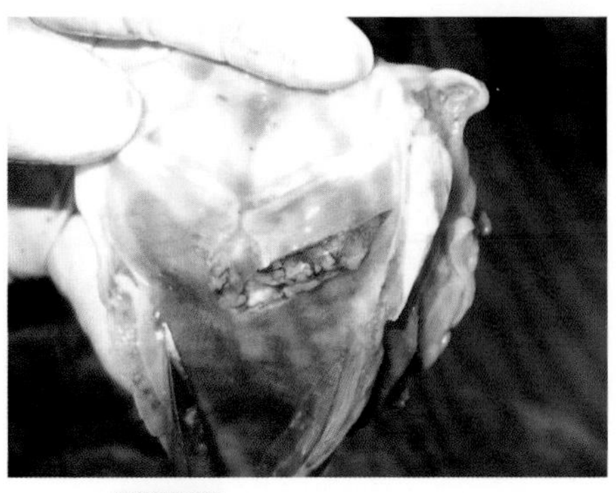

图2-41　喉头黏膜水肿、出血

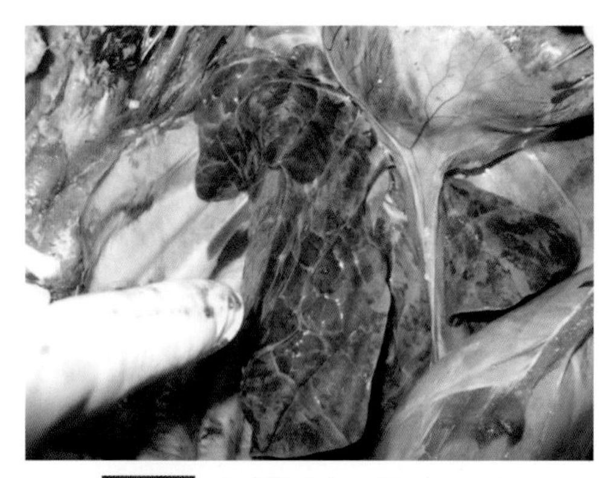

图2-42 间质性肺炎、肺肝变区明显

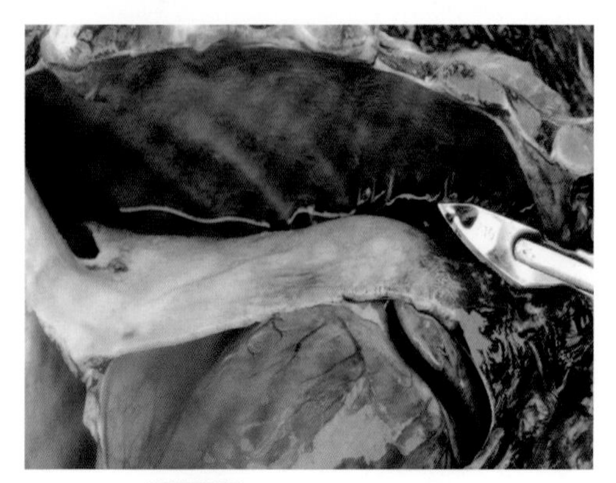

图2-43 纤维素性胸膜肺炎

（2）定期免疫接种 每年春秋两季定期进行预防注射，以增加猪体的特异性抵抗力。

我国目前使用两种菌苗。一是猪肺疫氢氧化铝菌苗，断奶后的大小猪只一律皮下或肌内注射5毫升。注射后14天产生免疫力，免疫期为6个月。二是口服猪肺疫弱毒冻干菌苗，按瓶签说明的头份，用水稀释后，混入饲料或饮水中喂猪，使用方便。不论大小猪，一律口服1头份，免疫期6个月。一旦发病时，应及时隔离患病猪，并对墙壁、地面、饲管用具要进行严格消毒，将垫草烧掉或与粪便堆积发酵。

（3）治疗

① 抗血清，25毫升。用法：一次皮下注射，按1 千克体重0.5毫升用药；次日再注射1 次。

② 丁胺卡那霉素注射液，60万～ 120 万国际单位。用法：一次肌内注射，每日2 ～ 3 次至愈。说明：也可用头孢、氨苄、氟苯尼考、氧氟沙星、林可-大观霉素等药物治疗。

③ 中药：金银花30克、连翘24克、丹皮15克、紫草30克、射干12克、山豆根20克、黄茎9克、麦冬15克、大黄20克、元明粉15克。用法：水煎分2 次喂服，每日1 剂，连用2 天。

五、猪丹毒

【简介】

猪丹毒是由猪丹毒杆菌引起的一种急性、热性传染病，俗称“打火印”，多发于夏秋多雨季节。

【病原】

猪丹毒杆菌为细长的革兰氏阳性小杆菌。不运动，明胶穿刺呈试管刷样，可分为三种类型，即S型（多是急性型）、R型（慢性或老龄培养物）和Ⅰ型（中间型）；慢性病例，老龄培养物杆菌呈长丝状（图2-44），但在组织中的猪丹毒杆菌呈正直小杆菌，略弯，血琼脂平板上长成露珠状。

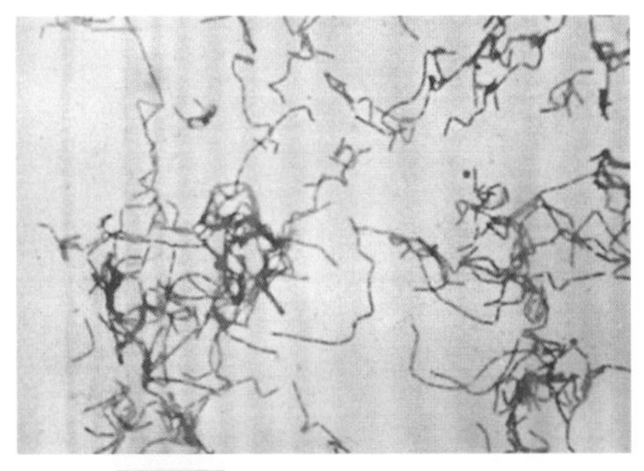

图2-44 镜下丹毒杆菌丝状菌丝

一般消毒药，如2%福尔马林、1%漂白粉、1%氢氧化钠或5%碳酸效果较好。本菌的耐酸性较强，可经胃而进入肠道繁殖。

【临床症状】

1. 急性型（败血型）

突然发病，很快死亡。体温升高达42℃以上，目光呆滞，离群卧伏，结膜充血；敏感，轻微刺激即引起呕吐或打颤；皮肤发紫，体表弥漫性充血（图2-45）。

图2-45 急性死亡、皮肤发紫

2. 亚急性型（疹块型）

病猪出现典型猪丹毒的症状。急性型症状出现后，在胸、背、四肢和颈部皮肤出现方形或菱形疹块（图2-46、图2-47），大小不一，凸出于皮肤，呈红色或紫红色，中间苍白，用手指压后退色。当疹块出现后，体温恢复正常，病情好转，病程1周左右，若能及时治疗，预后良好。

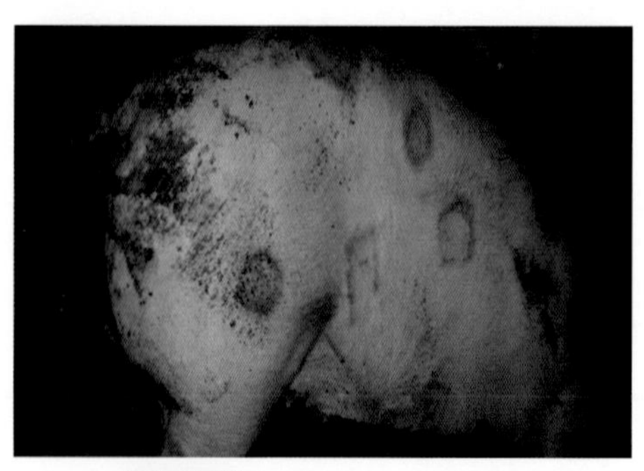

图2-46 皮肤有数个菱形疹块

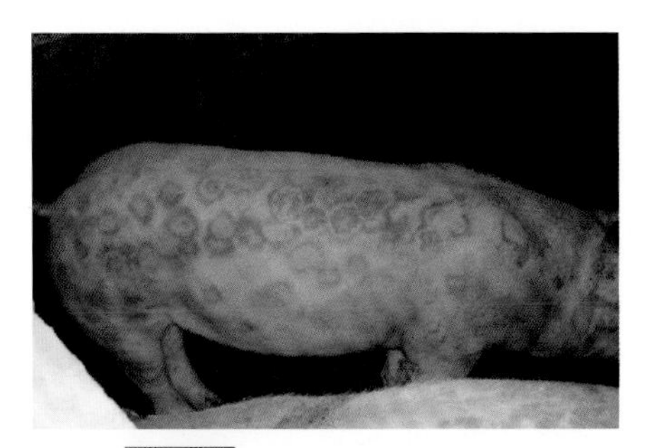

图2-47 皮肤有较密集的疹块

3. 慢性型

常发生在老疫区或由急性型或亚急性型转化而来。主要表现为关节炎，睾丸肿大（图2-48），行动僵硬、弓腰、瘸腿、粪便干燥（图2-49、图2-50）；有的出现慢性心内膜炎，消瘦、贫血，常因心肌麻痹而突然死亡。

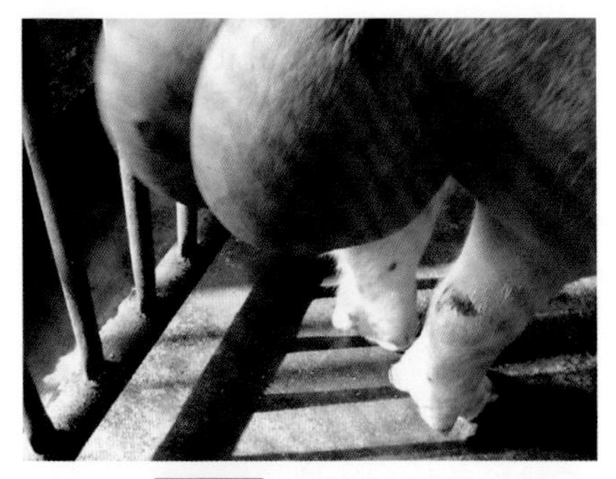

图2-48 病猪睾丸肿大

图2-49 关节炎、弓腰、瘸腿

图2-50 高烧，粪便干燥

【病理变化】

1. 急性型

淋巴结充血、肿大、切面外翻，多汁。肺脏淤血、水肿（图2-51）；脾肿大，呈典型的败血脾（图2-52）；肾淤血、肿大，有“大紫肾”之称（图2-53）。

图2-51 肺淤血、水肿

图2-52 脾脏高度肿大发黑

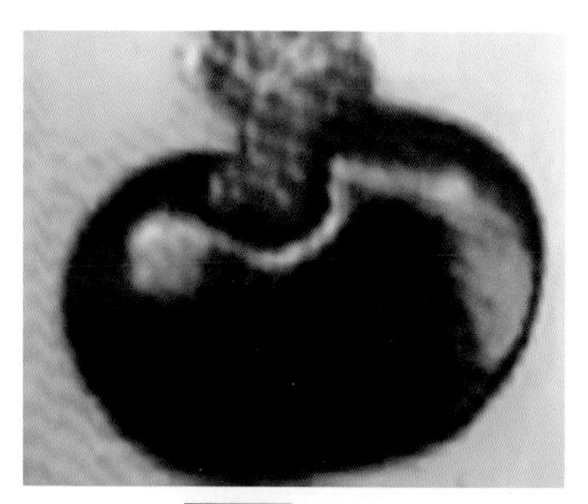

图2-53 大紫肾

2. 亚急性型

充血斑中心可因水肿压迫呈苍白色。胃底及幽门部黏膜发生弥漫性出血，小点出血；整个肠道都有不同程度的卡他性或出血性炎症。

3. 慢性型心内膜炎

在心脏可见到疣状心内膜炎的病变，二尖瓣和主动脉瓣出现菜花样增生物（图2-54）。

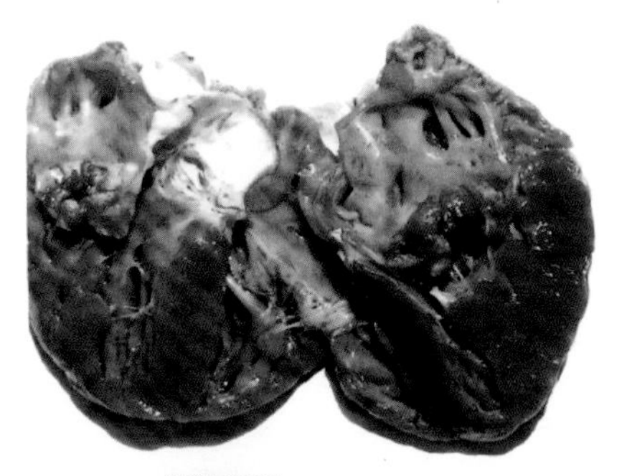

图2-54 心瓣膜增生

4. 关节炎

关节肿胀，有浆液性、纤维素性渗出物蓄积。

【诊断】

（1）综合诊断　根据流行病学、症状、病变、实验室检查等进行诊断。

（2）微生物诊断　病猪高温时采取病猪耳静脉血或疹块边缘血或病死猪的脏器制片、染色、镜检，如发现革兰氏染色阳性，较细长单在或成对或成丛的杆菌时，可初步确诊。慢性心内膜炎病例，可用心脏瓣膜增生物涂片，可查见单在或成丛的长丝状菌体。

【防治】

（1）疫苗接种　目前市售产品有猪丹毒活疫苗单苗及猪丹毒联苗两种，可根据具体情况选用。

（2）加强饲养管理

（3）消毒与检疫　发现本病应立即隔离治疗，注意环境和粪便的消毒处理。对于病猪的尸体应作烧毁或其他无害化处理，杜绝散播。

（4）临床用药

① 首次使用大剂量青霉素耳静脉注射，同时肌内注射常规剂量的水剂或油剂青霉素，如有好转用常规剂量肌内注射，不能停药太早，否则易复发或转慢性。

同群猪可用青霉素常规剂量肌内注射，每天两次，连续3～4天。此外，其他抗生素类药物均有效。用抗猪丹毒高免血清，皮下或静脉注射，有紧急预防和治疗效果。

② 中药：穿心莲注射液10～20毫升。用法：一次肌内注射，每日2～3次，连用2～3天。说明：对亚急性型猪丹毒有良效。或寒水石5克、连翘10克、葛根15克、桔梗10克、升麻15克、白芍10克、花粉10克、雄黄5克、二花5克。用法：研末一次喂服，每日2剂，连用2天。

六、传染性萎缩性鼻炎

【简介】

猪传染性萎缩性鼻炎是猪的一种慢性传染病。其特征为鼻炎、

鼻甲骨萎缩、鼻梁变形及生长迟缓。以2～3月龄仔猪最易感染。随着养猪生产的工业化和集约化程度的提高，该病发病率有增加趋势，影响仔猪的生长发育。

【病原与传播】

本病主要是支气管败血波氏杆菌引发，另有产毒素的多杀性巴氏杆菌（主要是D型）参与感染形成。前者单独感染时，鼻腔病变较轻，如果两者混合感染或继发感染时，则鼻腔病变很重。有时还可分离到绿脓杆菌、放线菌、毛滴虫及猪细胞巨化病毒。

支气管败血波氏杆菌是小杆菌或球杆菌，革兰氏阴性，有两极着染的特点，有荚膜，能产生强坏死毒素，能运动，不形成芽孢；是严格的需氧菌；本菌的抵抗力不强，一般消毒药均可杀死。

不同年龄的猪都有易感性，但只有生后几天至几周的仔猪感染后才能发生鼻甲骨萎缩，较大的猪可能只发生卡他性鼻炎和咽炎，成猪感染后看不到症状而成为带菌者。病原体从病猪和带菌猪的鼻腔分泌物排出后，通过空气飞沫经呼吸道传染，特别是母猪有病时，最易将本病传染给仔猪。猫、鼠、兔和犬等也可带菌，并能传播本病。

【临床症状】

初始病猪打喷嚏和吸气困难，逐渐鼻腔有脓性鼻汁流出，有的鼻孔流血。特别是在采食时，常用力摇头，以甩掉鼻腔分泌物。有时鼻端拱地，或在硬物上摩擦。

鼻炎常使鼻泪管发生阻塞，引起结膜炎（红眼），使泪液分泌增加，在眼眶下形成半月形湿润区，被尘土沾污后黏结形成黑色痕迹。

由于鼻甲骨的萎缩，使鼻腔短小，如一侧鼻腔发生严重萎缩时，则鼻端弯向受侵害的一侧，形成歪鼻子。个别病例可引起肺炎、脑炎（图2-55～图2-58）。

图2-55 2月龄猪鼻盘歪斜

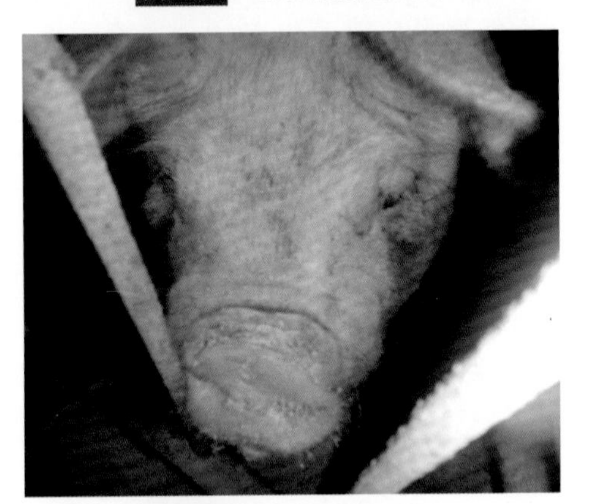

图2-56 4月龄猪鼻盘歪斜

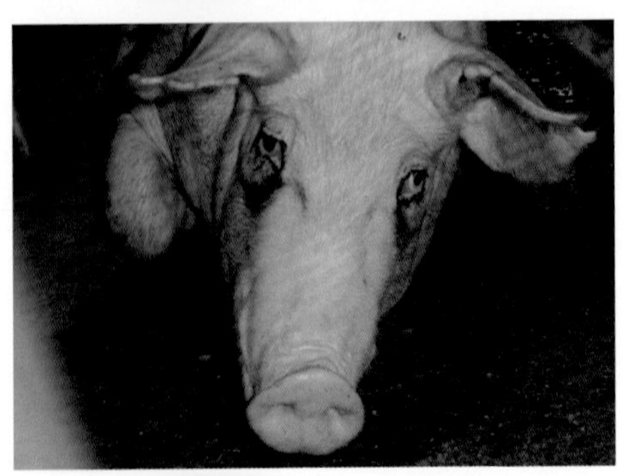

图2-57 结膜炎，泪斑

图2-58 鼻孔出血

【病理变化】

主要病变在鼻腔和邻近组织，特征性病变是鼻腔的软骨组织和骨组织的软化萎缩，鼻甲骨下卷曲消失。严重病例鼻甲骨完全消失、鼻中隔弯曲，鼻腔变成一个鼻道（图2-59～图2-61）。

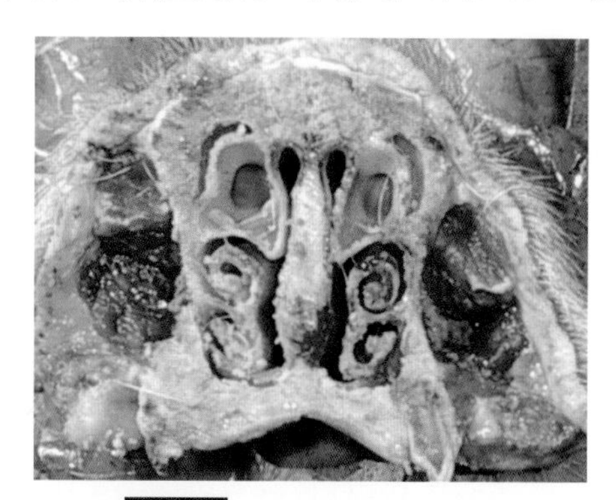

图2-59 正常鼻甲骨组织结构

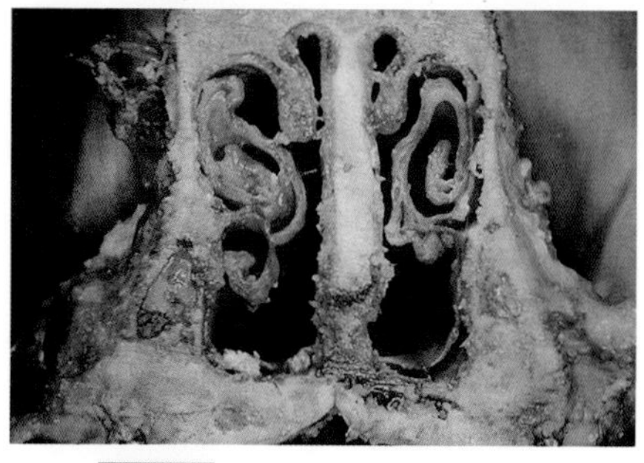

图2-60 鼻甲骨下卷曲溶解消失

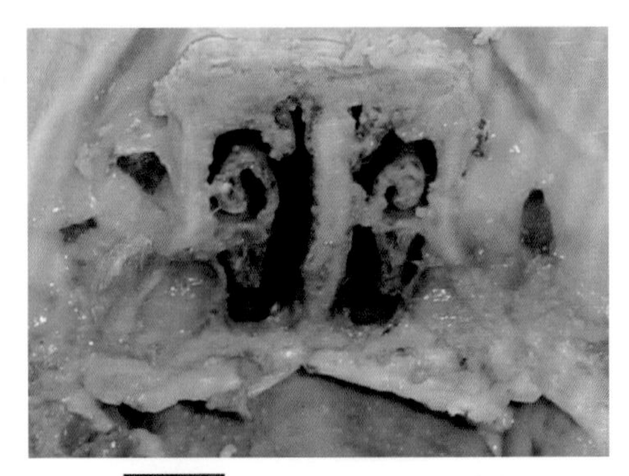

图2-61 鼻甲骨浸润性溶解消失

【诊断】

根据临诊症状，即可作出初步诊断。

本病应与佝偻病等区别，佝偻病虽有鼻部肿大变形，但无鼻炎、无鼻甲骨萎缩等。

【防治】

（1）严格检疫、淘汰病猪 要对存在本病的猪场采取严格检疫、彻底淘汰病猪、及时消灭疫源等措施。不从病猪场引进种猪。凡引入成年母猪或哺乳母猪，应隔离饲养一周，在上述期间内不出现鼻炎症状时，可以将母猪合群，相反则应屠宰或隔离育肥。

（2）净化和更新种猪群

（3）疫苗接种 在常发地区可用猪萎缩性鼻炎灭活菌苗，可于母猪分娩前40天左右注射菌苗两次，间隔两周，以保护初生后几周内的仔猪不受感染，仔猪生后1～2周龄时，再给仔猪注射菌苗两次，间隔1周。

（4）药物治疗

① 硫酸链霉素，25万～50万国际单位，肌内注射，每日2次，连用3日。

② 25%硫酸卡那霉素滴鼻或鼻腔喷雾。

③ 1%盐酸金霉素水溶液，1～2毫升，注入哺乳仔猪鼻道，每日1次，连续3日为一疗程。第一疗程为5～7日龄仔猪，第

2 个疗程为30日龄仔猪，第3 个疗程为60日龄仔猪。

④ 中药：当归、栀子、黄芩各15克，知母、白鲜皮、麦冬、牛蒡子、射干、甘草、川芎各12克，苍耳子18克，辛夷8克。水煎服（300千克 猪的量）。

七、布氏杆菌病

【简介】

猪的布氏杆菌病是人畜共患的慢性传染病，主要侵害猪的生殖系统，致怀孕母猪流产，公猪发生睾丸炎和副睾炎，是养猪业发展中具有威胁性的疾病之一。

【病原与传播】

病原是猪流产布氏杆菌，革兰氏阴性小杆菌，无鞭毛，无芽孢，刚分离的毒力强的细菌有荚膜。布氏杆菌的抵抗力比较强，在土壤、水中和皮毛上能生存较长时间。对消毒药的抵抗力较弱，一般的消毒药能在数分钟将其杀死。

猪布氏杆菌主要感染猪，但也能感染人和鹿、牛、羊。猪感染此菌后，可发生全身性感染，并引起繁殖障碍；各品种和年龄的猪都有易感性，以生殖期的猪发病较多，哺乳猪和断奶仔猪均无临床症状；病原体随病母猪的阴道分泌物和公猪的精液排出，特别是流产胎儿、胎衣和羊水中含菌最多；通过污染的饲料和饮水，经消化道而感染，也可经配种而感染；母猪在感染后4 ～ 6个月，有75%可以恢复，不再有活菌存在，公猪的恢复率在50%以下，乳猪阶段感染到成猪后仅2.5%带菌，说明大部分感染猪可以自行恢复，仅少数猪成为永久性的传染源。

【临床症状】

病猪体温升高，部分发生结膜炎、关节炎和滑液囊炎，皮下脓肿（图2-62、图2-63）；公猪睾丸肿胀发炎；怀孕母猪孕后1 ～ 3月发生流产，流产前2 ～ 3天，母猪不安，阴道水肿，阴道流出分泌物，流产的胎儿多为死胎，临近产期流产的胎儿可能是弱胎，活下来的仔猪可长期带菌；流产后，胎盘常常滞留不下，长时间流恶露，由于胎盘滞留而导致子宫及其附近器官的急性和慢性炎症（图2-64、图2-65）。

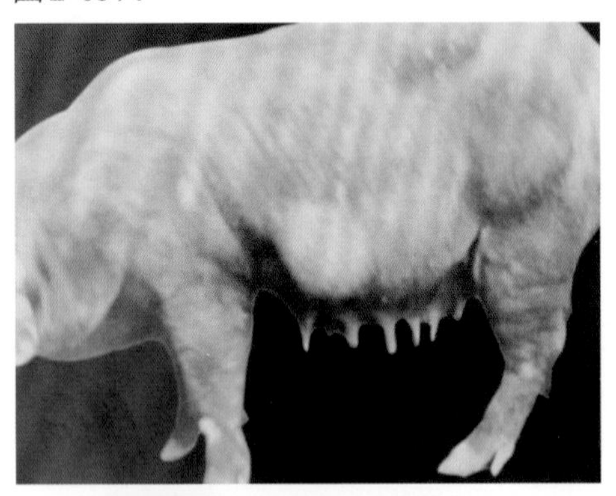

图2-62 皮下脓肿（自宣长和）

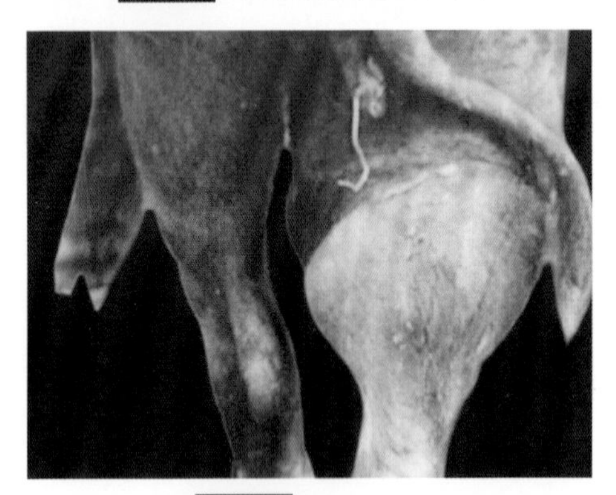

图2-63 膝关节炎

图2-64 睾丸肿胀

图2-65 母猪发生流产

【病理变化】

猪流产后子宫黏膜很少发生化脓-卡他性病变，胎衣上常有许多针头大小的白色小结节（图2-66、图2-67）。

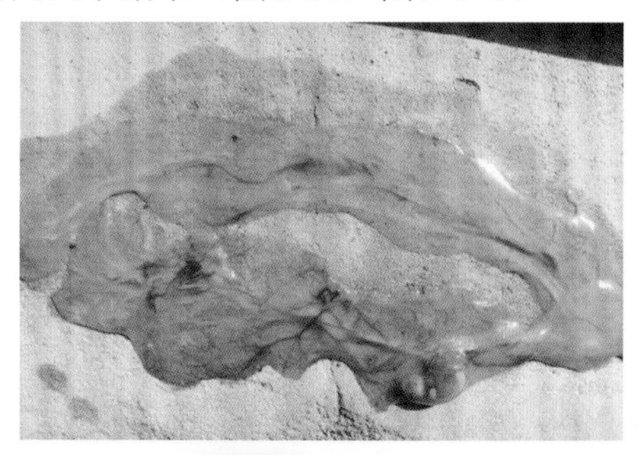

图2-66 流产胎儿

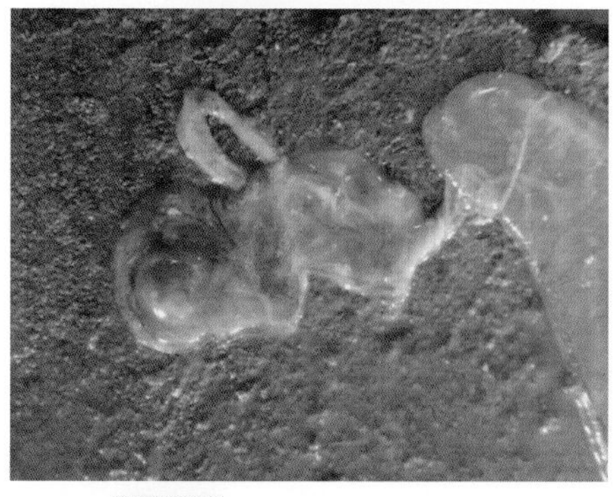

图2-67 胎衣上有白色小结节

【诊断】

临诊症状、病变，不能作为诊断依据，有很多病原可致类似症状疾病，如猪乙型脑炎、弓形体病、猪瘟等，诊断重点应放在微生物学与免疫学诊断上。

【防治】

（1）强化管理　清洁地区，抓好饲养管理，坚持自繁自养。引进猪种，隔离2个月，并进行2次检疫。确认健康后，方能合群。受威胁地区，应与发病地区的草地、水塘明确分开。

（2）免疫接种　猪布氏杆菌2号活菌苗（S2），适用于牛、羊、猪，都可作口服免疫。猪免疫期1年。

（3）病畜处理　布氏杆菌病（或检疫阳性）猪应淘汰，价值较高的动物，可隔离治疗。淘汰家畜按规程要求操作：①屠宰间或急宰室屠宰；②生殖器官严格消毒；③内脏器官高温处理；④肉尸应盐腌60天以上。

（4）治疗　青霉素，链霉素联合应用，疗程较长，可达42天，有的能治愈。

八、气喘病

【简介】

猪气喘病，亦称猪支原体肺炎、猪地方流行性肺炎，是猪的一种接触性传染病，多呈慢性经过。特别在育肥猪群发病率很高，致使出栏延迟、料比增高，且极易继发其他疾病。

【病原与传播】

为猪肺炎支原体，是一种无细胞壁、呈多形性的微生物，有环状、球状、点状、杆状和两极状。本菌不易着色，可用姬姆萨或瑞氏染色。

不同品种、年龄、性别的猪均易感，本病多发生于寒冷、潮湿、气候骤变时，另外饲养管理和卫生条件对本病的发生影响很大，有继发感染时死亡率很高，本病除侵害呼吸道外，还是一种免疫抑制病，使得疫苗的免疫功能低下，极易继发蓝耳病、圆环病毒病、副猪嗜血杆菌病等。

【临床症状】

潜伏期11～16天，据病程可分为急性和慢性。

1. 急性型

见于新发猪群，以仔猪和生长育肥猪多发，病猪剧喘，腹式呼吸或犬坐姿势，时发痉挛性阵咳，体温一般正常，有继发感染则体温升高，食欲大减或废绝，日断消瘦，病程约1周，病猪常因窒息而死（图2-68、图2-69）。

图2-68 咳嗽严重

图2-69 呼吸高度困难

2. 慢性型

多见于老疫区的架子猪、育肥猪和后备母源，长期咳嗽，清晨进食前后及剧烈运动时最明显，严重的可发生痉挛性咳嗽，因饲养条件和气候改变，症状时而缓和，病猪体温不高，但消瘦，发育不良，被毛粗乱，病程长达2个月，有的在半年以上，病死率不高，此类病最易发生继发性感染，是造成猪只死亡的主要诱因（图2-70、图2-71）。

图2-70 干咳、呼吸困难

图2-71 痉挛性咳嗽

【病理变化】

病变首先发生在肺心叶，然后逐渐扩展到尖叶、中间叶及膈叶前下缘，形成融合性支气管肺炎，两侧病变大致对称，病变部

肿大，淡红色或灰红色半透明状，界限明显，像鲜嫩的肌肉样肉变，病程延长加重，病变呈虾肉样变（图2-72、图2-73）。

若继发细菌感染，可引起肺和胸膜的纤维素性、化脓性和坏死性病变。

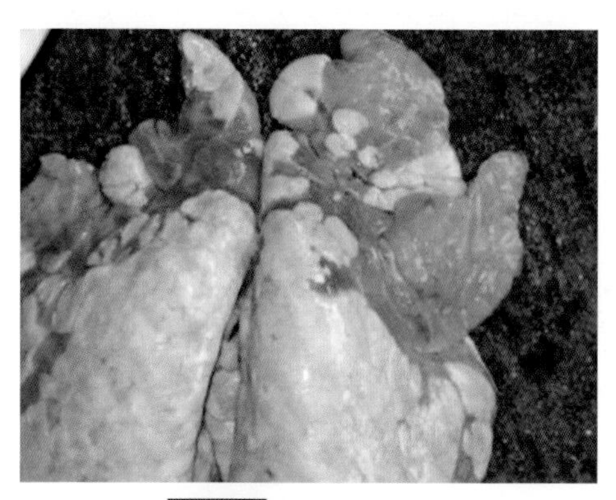

图2-72　肺对称性肉变

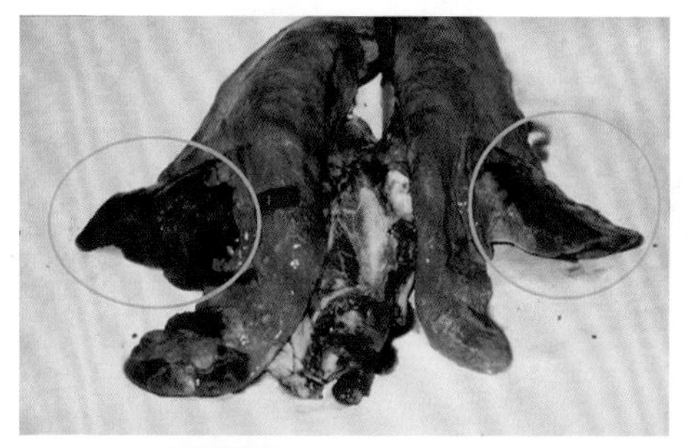

图2-73　肺叶实质化肉变

【防治】

（1）强化管理　降低饲养密度，保持良好通风，避免灰尘飞扬，经常喷雾消毒。

（2）疫苗接种　给种猪和新生仔猪接种猪气喘病的毒冻干疫苗。每年8～10月份给种猪和后备猪注射猪气喘病的毒菌苗1次。连续注射疫苗3年，可以控制猪气喘病；仔猪在10日龄时肺内注射疫苗，效果较好，但操作要谨慎。

（3）治疗用药　土霉素及强力霉素是首选药物，土霉素制成油剂，疗效颇好；若上述两种药物交替使用，效果更佳。替米考星、泰妙菌素、泰万菌素等都是临床应用的有效药物。

九、传染性胸膜肺炎

【简介】

传染性胸膜肺炎是猪呼吸系统中非常重要的传染病之一。本病主要引起猪的一种伴有胸膜炎的出血性坏死肺炎，多呈最急性或急性病程而迅速致死，是当代国际公认危害现代养猪业的五大重要传染病之一，尤其在集约化养猪场一旦发生会造成重大经济损失。

【病原】

猪传染性胸膜肺炎的病原是胸膜肺炎放线杆菌，本菌为兼性厌氧菌，在10% CO_2条件下可生成黏液性菌落，最适生长温度37℃。本菌抵抗力不强，易被常用消毒剂及较低温度的热力所杀灭。一般60℃ 5 ～ 20分钟即死。

本病的发生与饲养条件有直接关系：恶劣的环境条件、温度的急骤变化、相对湿度很高和通风严重不畅等，会促使或加重本病的发生和传播；多发生于秋季和冬季；可发生于任何年龄的猪只，但以3月龄仔猪最易感；各国均有发生。

【临床症状】

根据动物的免疫状况，环境条件及感染程度，临床过程可分为最急性型、急性型、亚急性型和慢性型。各型临床症状如表2-1和图2-74 ～图2-76所示。

表2-1　传染性胸膜肺炎各型临床症状一览

病型	发病猪数	食欲	体温	呼吸	死亡情况
最急性型	1头或几头	停止	41.5℃	高度困难，张口呼吸，湿咳犬坐姿势	血染泡沫从口鼻中流出，24小时内死亡
急性型	许多猪	拒食	40. 5～41℃	强迫运动咳嗽	1～2天内死亡
亚急性和慢性型	少	减少	不变或稍高	慢性咳嗽	为细菌携带者

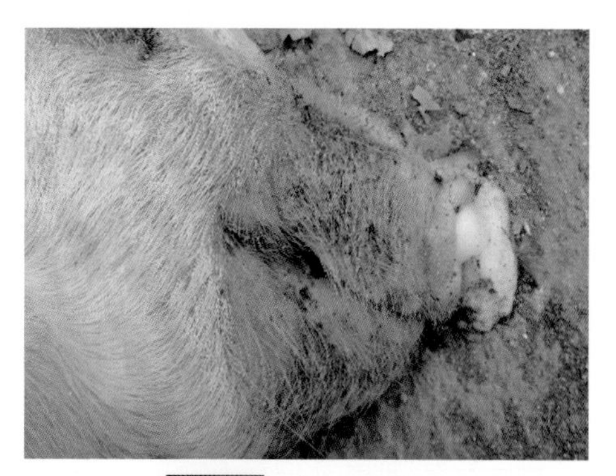

图2-74　鼻流血色泡沫

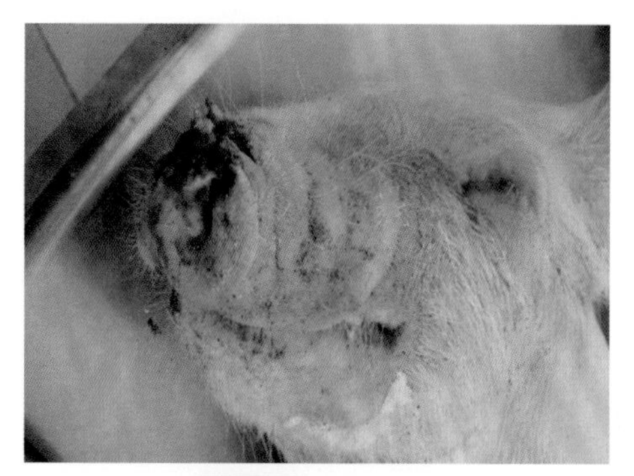

图2-75　鼻流鲜血

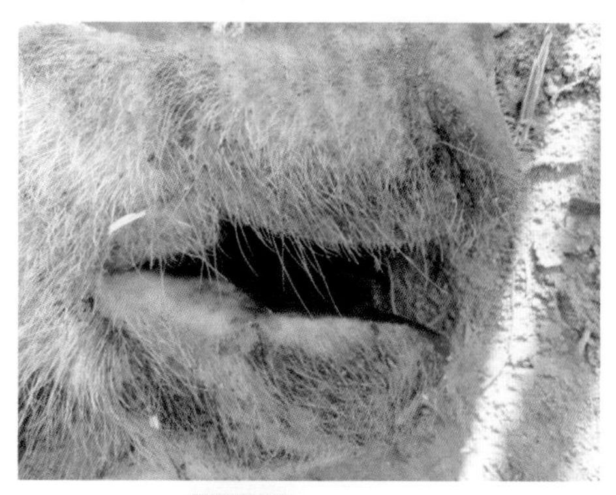

图2-76　张嘴呼吸

【病理变化】

主要表现为特征性肺损伤和肺粘连。

喉头黏膜出血、有纤维素渗出附着，气管黏膜水肿、出血、纤维素渗出（图2-77）；肺脏呈红色或斑点状淤血、出血，肺小叶间质增厚，肺与胸膜发生粘连（图2-78、图2-79）；心肌出血（图2-80）。病程在4～5天以上动物，常在肺的背侧和肺门有大小不等的坏死病灶。

【诊断】

根据临床症状、发病进程及剖检变化可做初步诊断，确诊需从呼吸道中分离细菌进行血清学试验。鉴别诊断主要注意猪肺疫、副嗜血、链球菌病等。

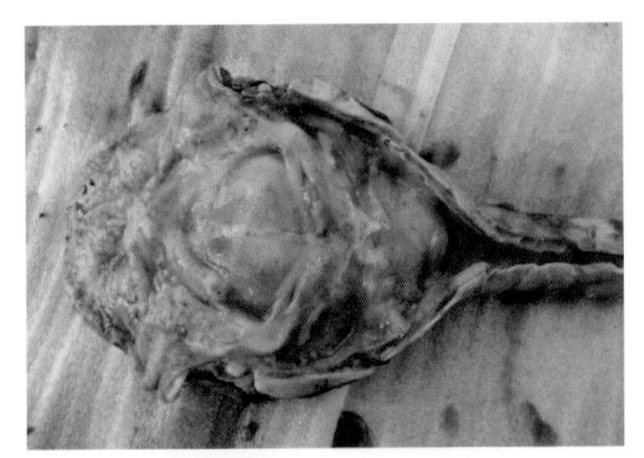

图2-77 喉头出血有黏液

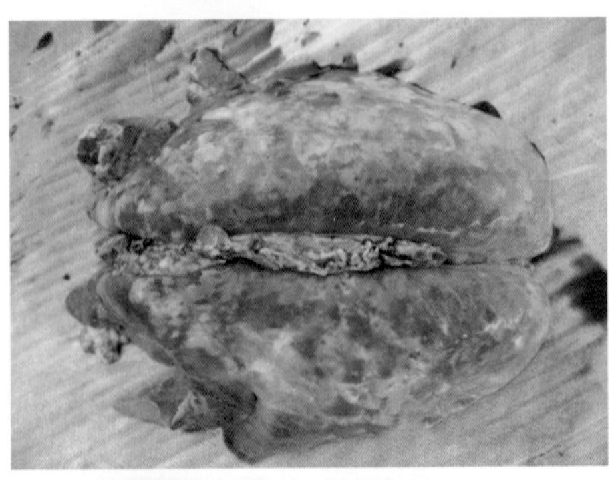

图2-78 肺脏由斑块状淤血和出血

图2-79 肺与胸壁纤维素性粘连

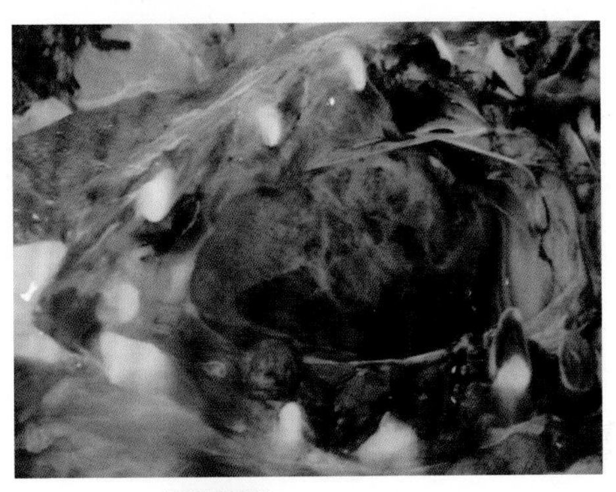

图2-80 心肌严重出血

【防治】

（1）血清学诊断和疫苗注射是控制和预防本病的手段，血清学检查可以选择和建立无APP健康猪场。疫苗注射所获得的免疫性仅能抗疫苗抗原自身的血清型。因此，在疫苗注射前，首先弄清该地区所流行的血清型尤为重要。

（2）秋冬季节注意加强饲养管理，防止昼夜温差过大并注意通风。

（3）治疗

① 头孢、氨苄青霉素、卡那霉素目前常用，每日2 次，首次剂量加倍。

②中药。当归20克、东花30克、知母30克、贝母25克、大黄40克，本通20克、桑皮30克、陈皮30克、紫菀30克、马兜铃20克、天冬30克、百合30克，黄芩30克、桔梗30克、赤芍30克、苏子15克、瓜蒌50克、生甘草15克。共为末，开水冲服。

十、副猪嗜血杆菌病

【简介】

猪的副嗜血杆菌病又称多发性纤维素性浆膜炎和关节炎，是由猪副嗜血杆菌引起。该菌在环境中普遍存在，健康的猪群当中也能发现。该病在管理一般的猪场中时常发生，是影响仔猪和育肥生长猪的重大疾病之一。

【病原】

病原为副嗜血杆菌，属革兰氏阴性小杆菌，有15个以上血清型，其中血清型5、4、13最为常见（占70%以上）。

该菌为条件性致病菌，主要与通风不良、环境卫生差、饲养密度大有较大关系。猪群密度大，过分拥挤，舍内空气污浊，转群或运输应激时多发；猪群在有呼吸道疾病，如支原体肺炎、猪流感等感染时，副嗜血杆菌的存在可加剧它们的病情；猪群受到圆环病毒、蓝耳病毒感染之后免疫功能下降，会使病情更加复杂化。发病常见于5～8周龄的仔猪。

【临床症状】

1. 急性型

病猪体温升高至40.5～42.0℃，精神不振，反应迟钝，食欲下降或厌食不吃，咳嗽，呼吸困难，有轻微的吹哨音，心跳加快，随发病时间的延长，皮肤发绀或苍白，耳梢发紫，眼睑皮下水肿，眼圈青紫（戴眼镜）。病猪扎堆，腕、跗关节肿大，行走缓慢或不愿站立，出现双侧或一侧性瘸腿，行走不稳，临死前侧卧或四肢呈划水样（图2-81、图2-82）。

2. 慢性型

主要是食欲下降，咳嗽，呼吸困难，皮毛粗乱，腕、跗关节

肿大，四肢无力或瘸腿，生长发育不良。

图2-81　眼圈青紫

图2-82　关节疼痛、起立困难

【剖检病变】

剖检可见腹股沟淋巴结肿大苍白（图2-83）；心包炎、心肌炎、胸膜炎、腹膜炎、关节炎等多发性炎症。有心包膜增厚粗糙，心脏有纤维素性或浆液性渗出（图2-84）；心包液、胸水、腹水增多，肺脏肿胀、出血、淤血，有时肺脏与胸腔发生粘连（图2-85～图2-91）。这些现象常以不同组合出现，较少单独存在。关节积液（图2-92）。

图2-83 腹股沟淋巴结肿大苍白

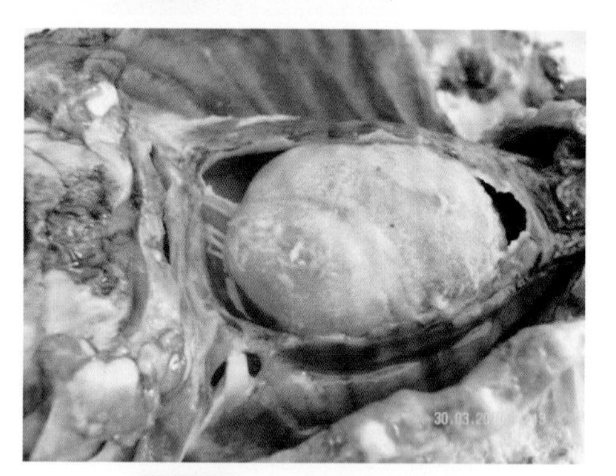

图2-84 心包积液，绒毛心

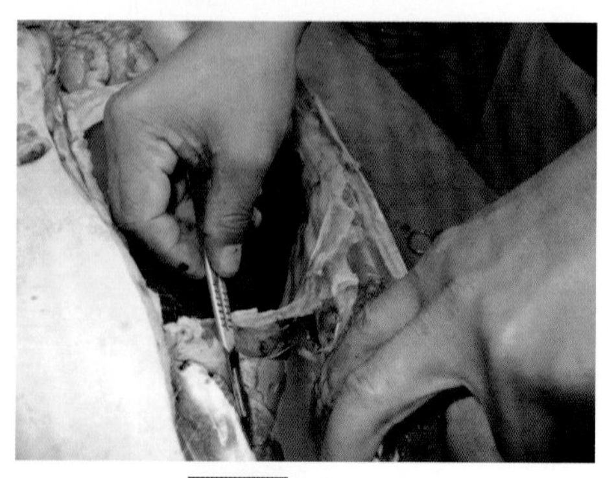

图2-85 胸腔积液

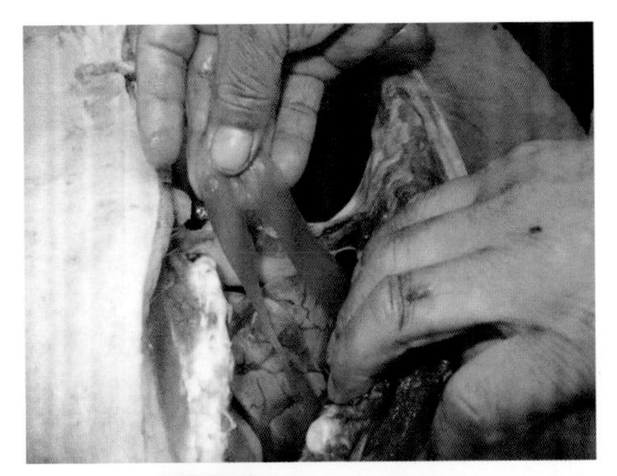

图2-86 胸腔积有纤维素

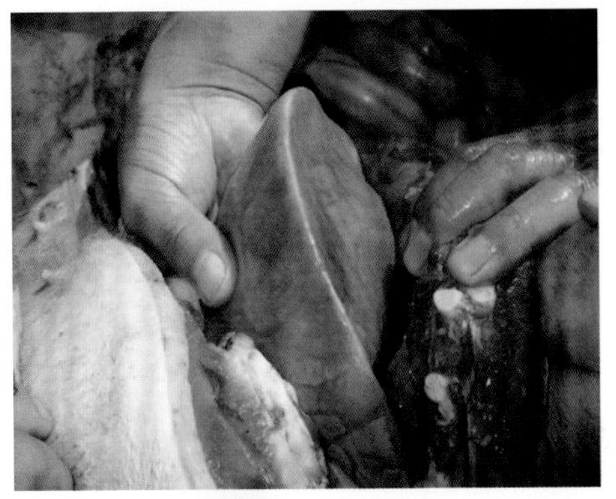

图2-87 肺水肿严重

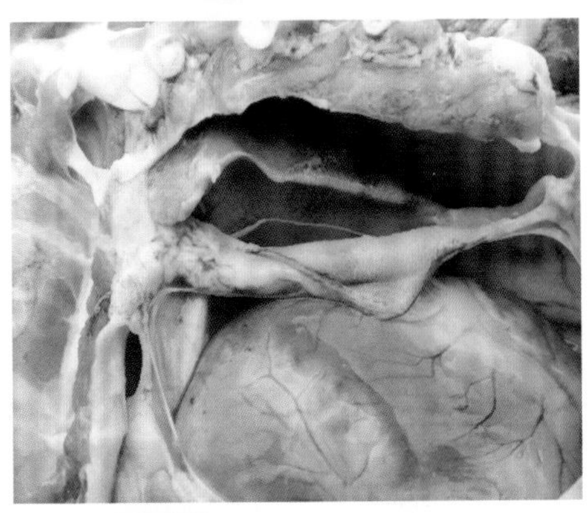

图2-88 胸腔液体浑浊，肺粘连

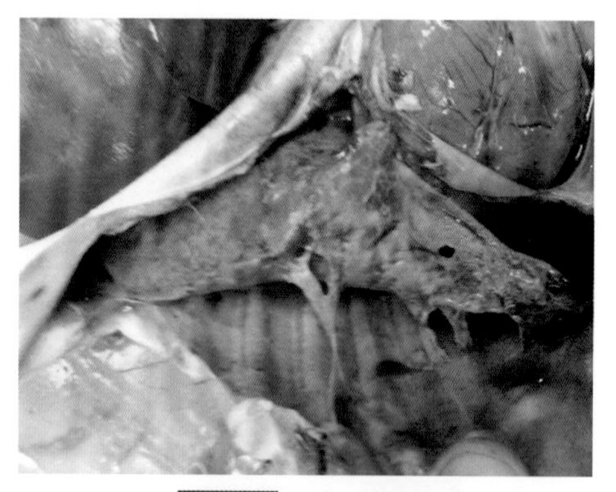

图2-89 肺严重粘连

图2-90 腹膜炎，肠粘连

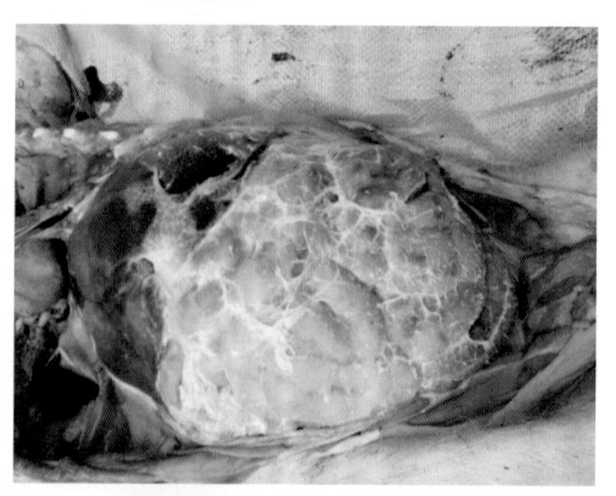

图2-91 腹腔严重纤维素渗出

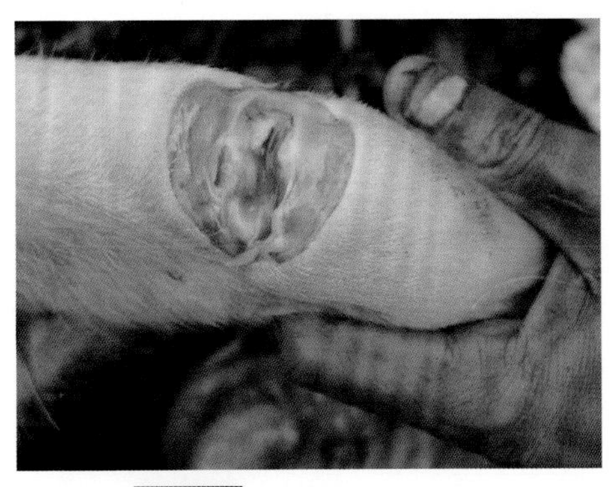

图 2-92 关节炎，关节积液

【防治措施】

（1）加强饲养管理 环境要卫生、通风要良好、密度不可大。

（2）疫苗应用 采用多价灭活苗首先免疫母猪，程序：初免猪产前40天一免，产前20天二免；受本病严重威胁的猪场，仔猪出生后2周龄首免，3周后二免。

（3）同时要做好猪瘟、圆环病毒病、伪狂犬病、蓝耳病等疾病的预防免疫工作。

（4）猪群出现发病后，要隔离病猪，并用大剂量的抗生素治疗；全群要消毒并口服抗生素进行药物性预防。为控制本病的发生发展和耐药菌株出现，应进行药敏试验，科学使用抗生素。

① 硫酸卡那霉注射液，肌内注射，每次20毫克/千克，每晚肌注1次，连用5～7天。

② 口服土霉素纯粉，30毫克/千克，每日1次，连用5～7天。

③ 头孢噻呋钠注射，每克头孢注射150千克体重，每日一次，连用3～5天。

十一、回肠炎

【简介】

猪回肠炎又称出血性回肠炎、区域性回肠炎、增生性肠炎、出血性坏死性肠炎、肠腺瘤病等，是由细胞内劳森菌感染引起的以猪顽固性或间歇性出血性下痢为特征的消化道疾病。近几年发病较多，给不少猪场造成了一定损失。

【病原与流行】

病原菌为细胞内劳森菌，革兰氏染色阴性，属厌氧菌。此菌在回肠上皮细胞内的细胞质中繁殖，感染猪可持续排菌4～10周，病菌在粪便中可存活2周左右，容易造成持续感染。

据报道称中国98%的育肥猪带菌，经产母猪阳性率达74%；病猪和带菌猪是主要传染源；经粪口途径感染；夏季多发，占全年的2/3；应激促进本病发生；现代化猪场并不能净化此病。

【临床症状】

1. 急性型

4～12月龄母猪发病为12%~50%，死亡率5%。呈血水样腹泻、沥青样黑色或红色血便、煤焦油便；继而贫血、皮肤苍白，甚或死亡；妊娠母猪可能流产，大部分流产发生于临床症状出现后6天内；保育猪全身水肿，多肠道充血和出血（图2-93～图2-98）。

2. 慢性型

8～16周生长猪多发，在同一栏中不间断地出现间歇性下痢，粪便变软、变稀、糊状或水样，有时混有血液或坏死组织碎片；吃料明显减少；病程长者皮肤苍白甚或成为僵猪。

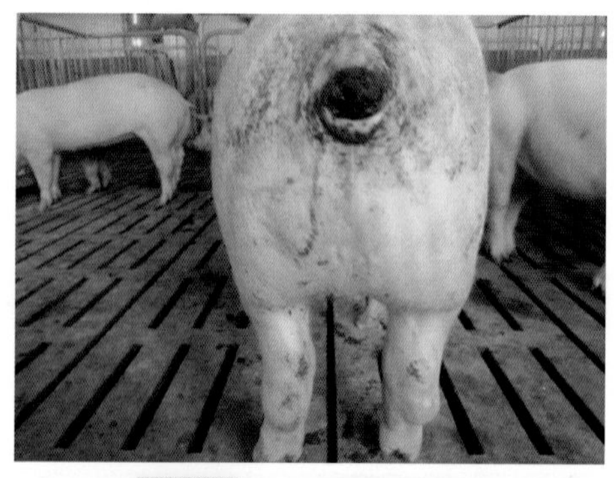

图2-93 肛门排出血性粪便

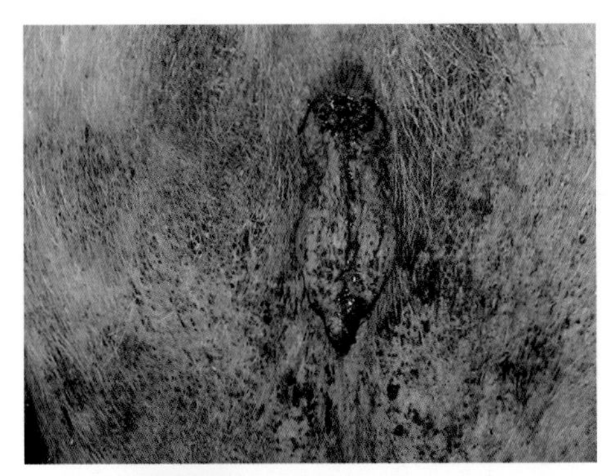

图2-94 血性粪便自流污染

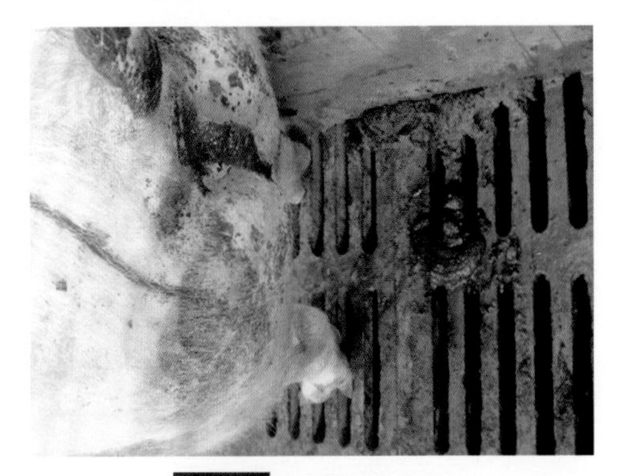

图2-95 排出血性粪便

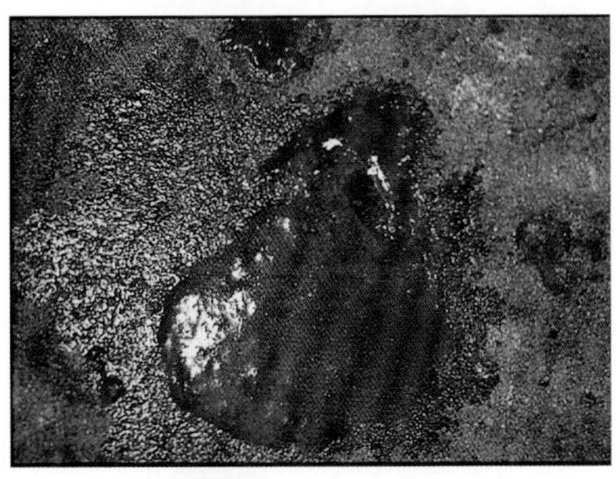

图2-96 排出血性粪便

图2-97 因失血而全身苍白

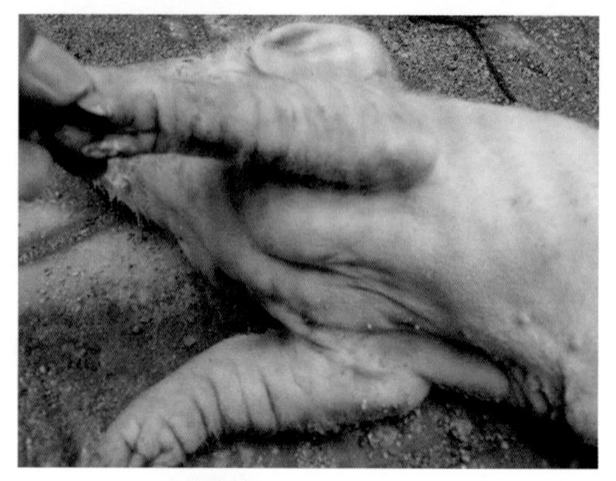

图2-98 保育猪全身水肿

【病理变化】

主要病变在小肠末端50厘米处和结肠前三分之一处。

回肠病变严重，回肠黏膜增厚，在回盲瓣前的20厘米处的回肠上，整个回肠变粗、变硬似肉肠；有的回肠黏膜出现浆膜下层或肠系膜水肿；在急性病例可见回肠内有血凝块或尚未完全凝固的血液，外观似血肠。有的整个小肠腔内完全积满血液。结肠黏膜的变化类似于息肉，整个肠壁变厚、变硬（图2-99～图2-101）。

图2-99 小肠内充满血液

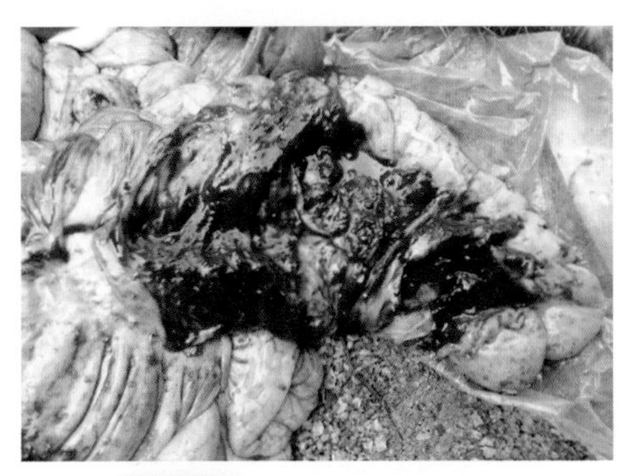

图2-100 盲肠内充满血色粪便

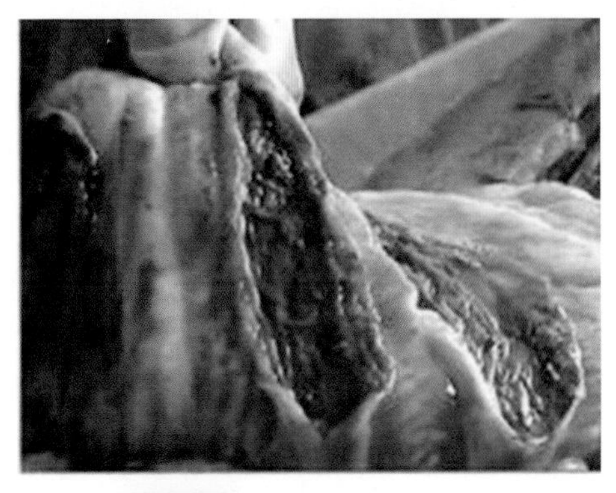

图2-101 结肠内有血色内容物

【诊断】

（1）临床特征　母猪多发、粪便稀软、血性下痢。

（2）病理变化　小肠增生出血、盲结肠出血。

【防治】

（1）免疫接种　口服接种无毒活疫苗，肌内注射灭活疫苗，免疫保护率都很高。

（2）药物应用　0.01%高锰酸钾液，每天饮水3小时，另氟苯尼考可溶性粉再饮水3小时；每50千克饲料添加活性炭200克，连续饲喂3天；头孢或氨苄西林钠连续注射3天即可。

十二、衣原体病

【简介】

猪衣原体病是由多种衣原体的某些菌株引起的一种慢性接触性传染病。世界各国均有该疾病发生，我国在20世纪80年代初证实了我国动物衣原体病的存在。临床主要表现为妊娠母猪流产、死产和弱仔，新生仔猪肺炎、关节炎，种公猪睾丸炎，全群猪发生眼炎等。此病近几年有发展的趋势。

【病原与传播】

衣原体是一类具有滤过性、严格细胞内寄生，介于细菌和病毒之间，类似于立克次体的一类微生物，呈球状，大小为0.2～1.5微米，革兰氏染色阴性。不能在人工培养基上生长，要依赖于宿主细胞的代谢，只能在活细胞胞浆内繁殖。较重要的衣原体有4种：沙眼衣原体、鹦鹉热亲衣原体、肺炎亲衣原体和牛羊亲衣原体。其中，鹦鹉热亲衣原体在兽医上有较重要的意义，而沙眼衣原体感染造成的眼炎最常见。

不同品种及年龄的猪群都可感染且无明显的季节性；病猪和阴性带菌猪是主要传染源；几乎所有的鸟粪都可携带衣原体；可经消化道和呼吸道感染；交配也能传播本病。多呈地方流行，猪场引入病猪后可暴发该病，康复猪长期带菌。

【临床症状】

怀孕母猪感染后常引起流产、阴道黏膜溃烂（图2-102），初产母猪发病率可高达40%～90%，多在临产前几周（妊娠100～104天）发生，一般无全身症状；公猪生殖系统感染，可出现睾丸炎（图2-103）；育肥猪多表现肺炎、肠炎、关节炎、结膜炎等（图2-104、图2-105）。

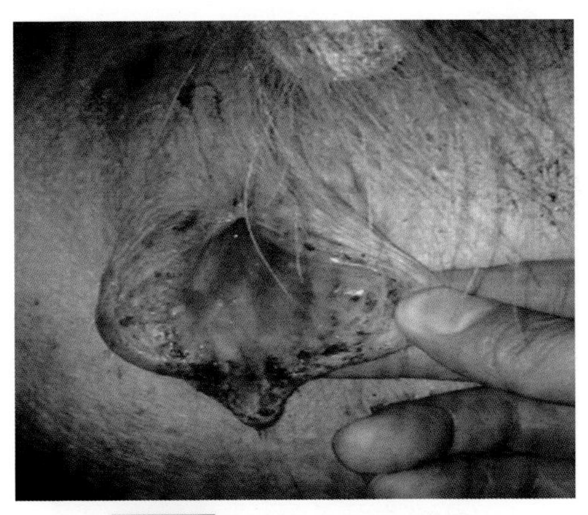

图2-102 母猪阴道黏膜出血糜烂

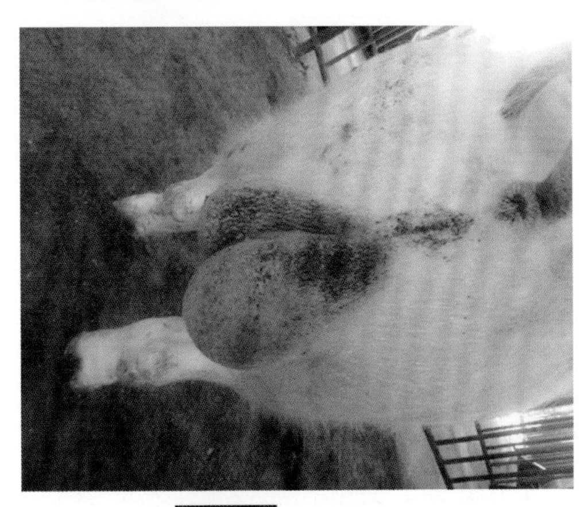

图2-103 公猪睾丸炎

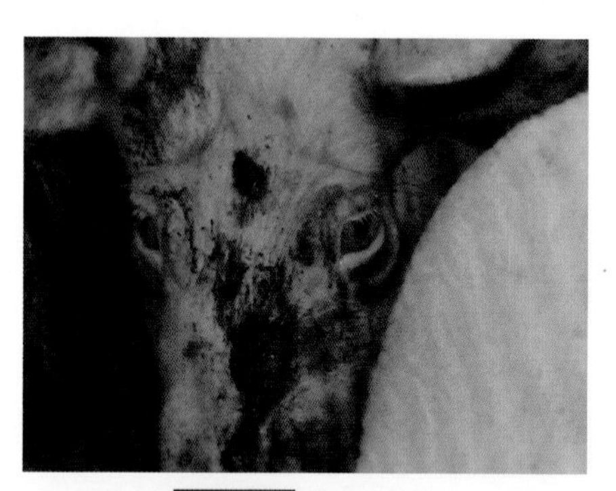

图2-104 眼结膜炎

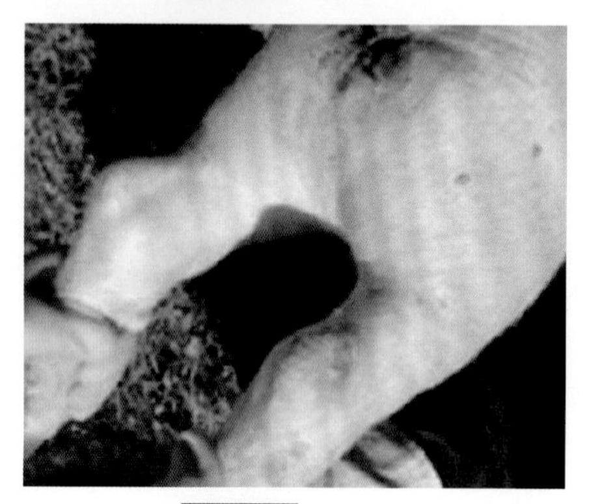

图2-105 关节炎

【病理变化】

常见的病变是流出的胎儿皮肤有出血，在胎衣上可见到白色坏死灶（图2-106、图2-107）。

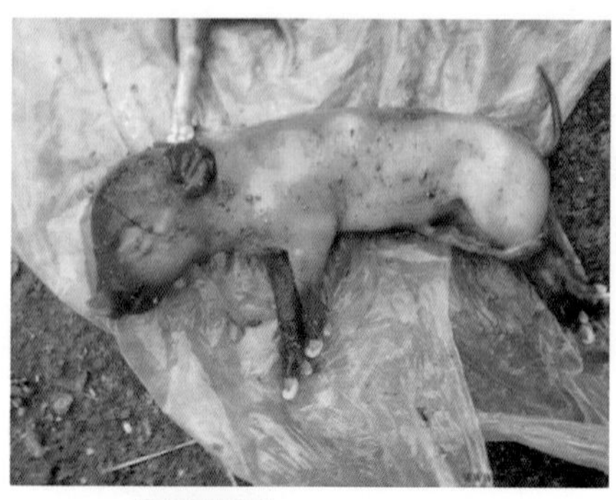

图2-106 胎儿有出血斑

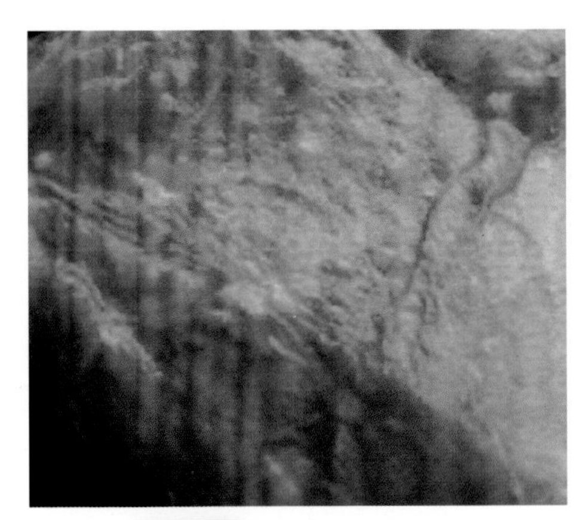

图2-107 胎衣有白色坏死灶

【诊断】

（1）临床特征 流产、死胎、睾丸炎、关节炎、结膜炎。

（2）病理变化 死胎出血、胎衣白色坏死灶、肺水肿。

【防治】

（1）预防

① 引种时要严格检疫和监测，阳性种猪场应限制及禁止输出种猪。

② 避免健康猪与病猪、带菌猪及其他易感染的哺乳动物接触。

③ 用猪衣原体灭活疫苗对母猪进行免疫接种。初产母猪配种前免疫接种2次，间隔1个月；经产母猪配种前免疫接种1次。

（2）治疗

① 对发病猪应及时隔离，清除流产死胎及其他病料，对猪舍和产房严格消毒。

② 药物应用：土霉素、红霉素、氧氟沙星等均可选择。

③ 对新生仔猪，可肌内注射1%土霉素，每千克体重1毫升，每日1次，连用3 ～ 5天。

④ 对眼炎病猪要用眼药水冲洗，涂抗生素软膏；必要时进行眼底封闭。

第三章 寄生虫性疾病

一、附红细胞体病

【简介】

猪附红细胞体病是猪的一种以急性黄疸性贫血和发热为特征的流行性疾病，又称为黄疸性贫血，目前本病呈世界性分布。20世纪90年代以来，该病的流行和发生越来越严重，初在广东、福建、浙江、江苏、河北、河南、山东等十几个省发生，现已遍布全国，给养猪业造成了较大经济损失，成为养猪生产中较难防控且治疗棘手的疾病之一。

【病原及流行】

本病病原尚有争议：有的认为是原虫；有的认为是立克次氏体目中的附红细胞体（图3-1）；目前认为属嗜红细胞型支原体等。但在镜下可见，病原形态是具有多形性的(以环形、圆形、杆状、丝状及短链状为主),外膜光滑整齐、无鞭毛、无荚膜,大小介于细菌和病毒之间，在人工培养基上不能生长。

本病一年四季均可发生；病猪和隐性感染带菌猪是主要传染源；高温、拥挤、潮湿环境多发；各种品种、性别、年龄的猪均易感，但以仔猪和母猪多见；哺乳仔猪和保育猪的发病率和死亡

率较高。

猪只之间可通过伤口、斗咬、被污染的注射器、手术器械等媒介传播；交配或人工授精时，可经污染的精液传播；感染母猪能通过子宫、胎盘使胎猪受到感染；“脏猪”极易发生；传染源为病猪和带菌猪。

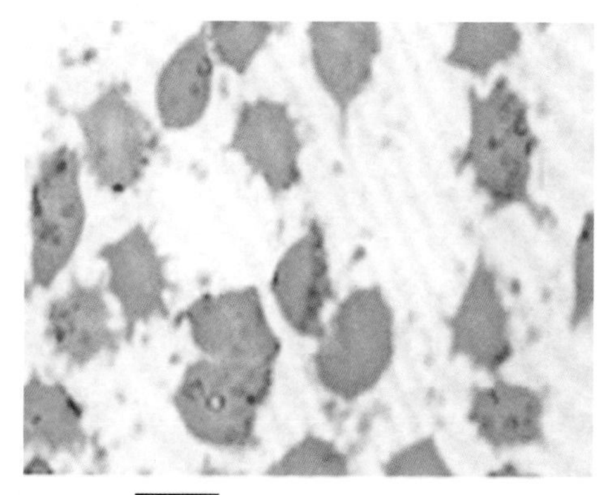

图3-1　附红细胞体镜下形状

多寄生于红细胞的中央或边缘,或游离于血浆中,或附于红细胞的表面，呈单个、成团、链状或鳞片状存在；对宿主有特异性，即感染猪的附红细胞体只感染猪而不感染其他动物。

【临床症状】

感染潜伏期为2～45天，多数呈隐性经过,在应激因素的刺激下可出现临床症状。主要表现为发烧、黄疸、贫血、食欲不振、精神沉郁、呼吸困难等；颈、背、腰、臀及四肢部皮肤毛孔处弥漫性渗血，以背、腹部最明显；有的关节肿胀不能站立；有的则耳廓坏死；时有血红蛋白尿（图3-2～图3-7）。

患病母猪在分娩前后出现症状,还可出现皮肤发红，乳房和外阴部水肿，繁殖障碍，流产、死胎、弱胎、产后无奶或少奶等。

患病公猪的性欲、精液品质和受胎率均下降，精子密度下降20%～30%，阴囊肿大、黄染。

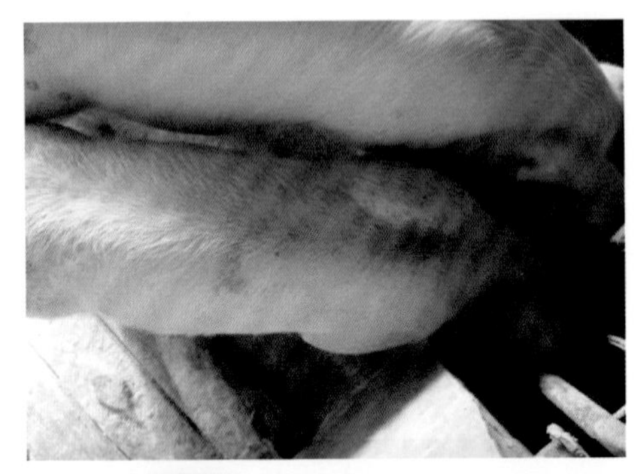

图3-2　颈部毛孔弥漫性渗血

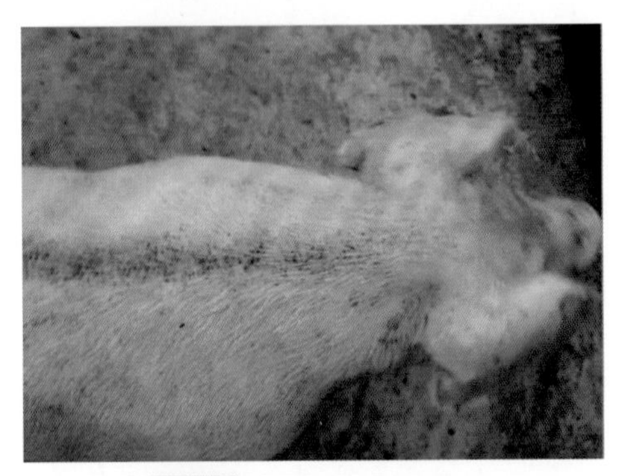

图3-3　背部毛孔严重渗血

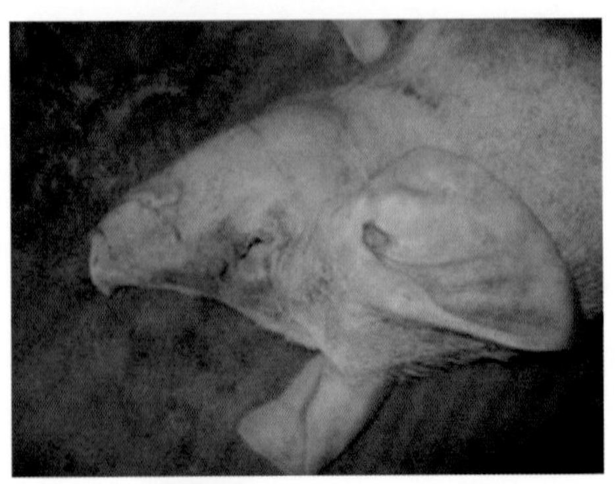

图3-4　体表及皮下黄疸

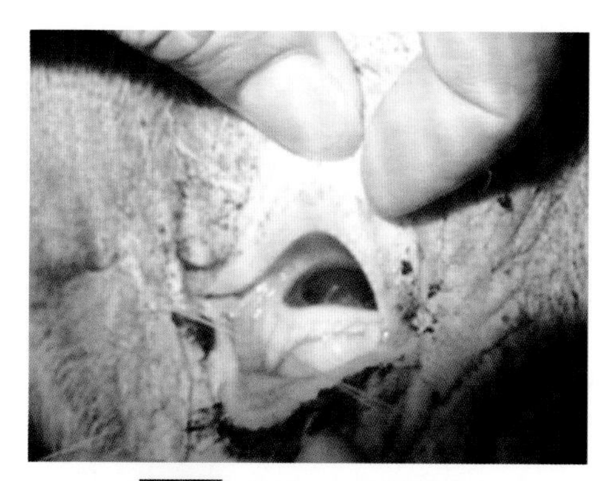

图3-5　结膜、巩膜高度黄染

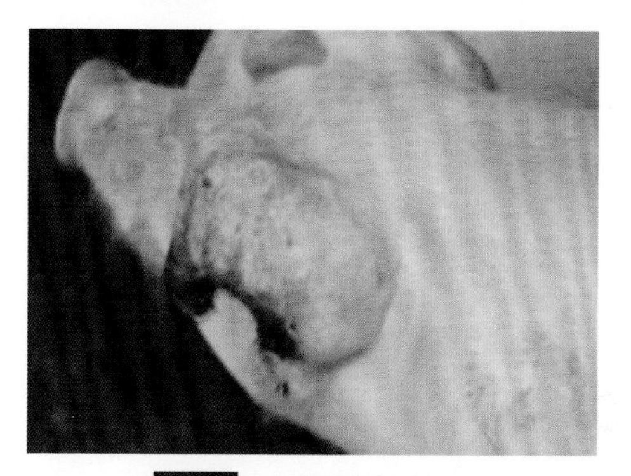

图3-6　患猪耳廓有时坏死

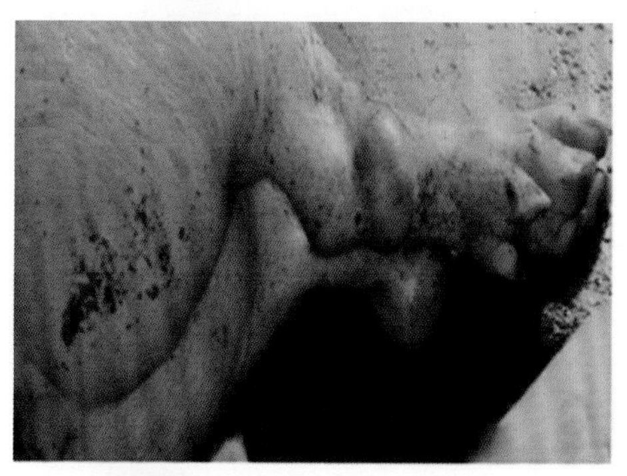

图3-7　母猪肢关节肿大不能站立

断奶仔猪感染后可出现高热稽留，黏膜苍白黄染，皮肤苍白或发红，腹泻带有黏液或血液，尿呈棕红色，咳嗽气喘，两耳边缘呈浅暗红色，坏死是其特征之一，皮肤出血或血斑，末梢淤血。有时有神经症状。

【病理变化】

猪体消瘦黄色（图3-8）；全身淋巴结肿大、潮红、黄染（图3-9、图3-10）；胃黏膜黄染，肠壁及系膜黄染（图3-11），肠黏膜有出血性卡他性炎症；心肌松弛黄染（图3-12）；喉头及肺脏水肿黄染、出血（图3-13、图3-14）；肾脏黄染、出血（图3-15、图3-16）；肝脏黄染、炎症，胆汁浓稠（图3-17、图3-18）；脾肿胀黄染（图3-19）。

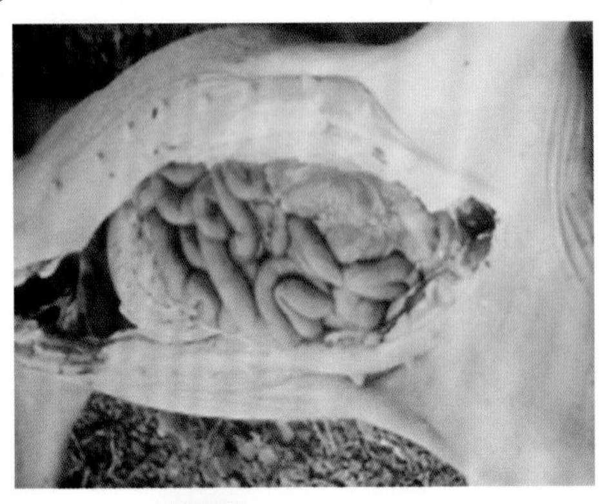

图3-8　猪体及皮下黄染

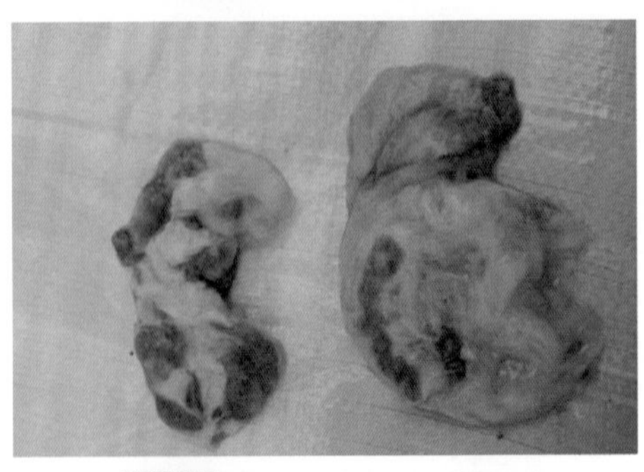

图3-9　腹股沟淋巴结肿胀黄染

图3-10 肠系膜淋巴结肿胀黄染

图3-11 肠壁及系膜黄染

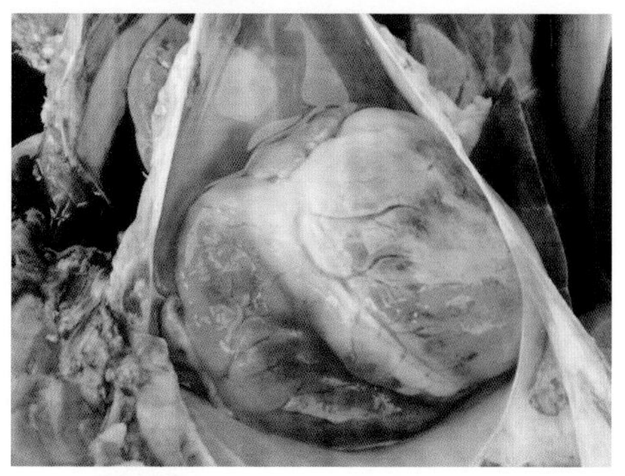

图3-12 心肌松弛黄染 心包积液

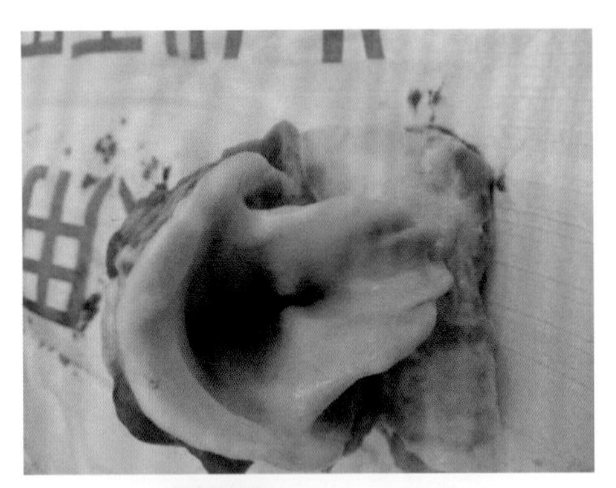

图3-13 喉头贫血黄染

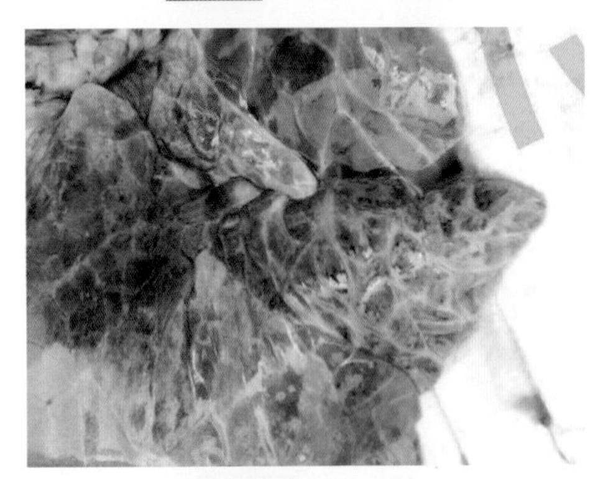

图3-14 肺脏黄染

图3-15 肾脏严重黄染

图3-16 膀胱内尿液浓稠变黄

图3-17 右侧肝脏明显黄染

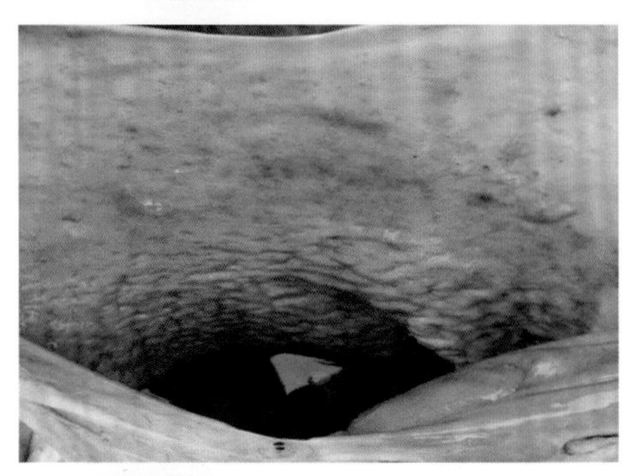

图3-18 胆囊黏膜黄染 胆汁浓稠

图3-19 脾脏肿大黄染

【诊断】

根据临床症状不难作出诊断，但确诊还需实验室进行检查。实验室检查主要进行虫体检查、动物接种和血清学检查。

（1）虫体检查 采用直接镜检查虫体，包括鲜血压片法和涂片法。

① 鲜血压片镜检：取耳静脉血一滴置于载玻片上，再加1～2滴生理盐水和适量的抗凝剂，加盖玻片，在400～600倍显微镜下观察，发现红细胞因附红体的附着发生变形，呈现细胞膜皱缩而变成星芒状、菜花状、锯齿状、多边形或破裂。在红细胞膜表面或边缘有成团或单个的附红细胞体存在。有折光性，轻调、微调可见光彩夺目的附红体，有的在血浆中运动，作摇摆、旋转、伸展和翻滚运动。

② 血液涂片镜检：取耳静脉血作涂片，革兰氏染色或姬姆萨氏染色，可以发现附红体。

（2）动物接种试验 采取疑患附红体病的猪的血液接种试验动物（如小白鼠、兔和鸡等），接种后观察其反应并采血查附红体。

【防治】

（1）综合性预防措施

① 搞好日常的环境卫生、防疫消毒，加强饲养管理增强体质，

提高抗病能力。

② 要在昆虫活动季节搞好环境消杀工作，避免蚊蝇等吸血昆虫的叮咬，传播病原体。

③ 在日常的预防注射、手术、打耳号、阉割等工作中要注意对器械、工具、皮肤的消毒。

④ 加强肝脏保健，在饲料中要添保肝解毒药物，调整内分泌，排除毒素，减少“脏猪”的发生。

（2）治疗

① 新砷凡纳明（914）注射液：静脉注射，15～20毫克/千克体重，以生理盐水或5%葡萄糖注射液溶解，配制成5%～10%的注射液，在溶解过程中禁止强力震荡，注射速度宜缓慢，切勿漏出血管外，重复注射应间隔3～6日。

② 长效土霉素注射液：10～20毫克/千克体重，两天一次，同时肌内注射右旋糖酐铁200毫克。

③ 贝尼尔（血虫净、三氮咪）：3～5毫克/千克体重，本品应现用现配，配制成5%～7%的注射液，作深部肌内注射，每次间隔24小时，最多连用三次。应用本品要注意毒性反应，可出现频排粪尿、起卧、轻微肌颤、心跳加快、呼吸加快、流涎，一般一小时可恢复。剂量过大或蓄积可出现中毒反应，以上症状加重，可能导致死亡。

④ 咪唑苯脲注射。

⑤ 强力霉素或土霉素拌料，连用五天。

二、弓形体病

【简介】

猪的弓形体病又称弓浆虫病。是由孢子虫纲的弓浆虫侵入猪的有核细胞而引起猪的弓形体病。本病在不少的小型猪场仍时有发生并造成大面积母猪流产，也是养猪业的主要防控疾病之一。表现为体温升高，食欲废绝，呼吸困难，淋巴结肿大，肌肉僵硬，身体下部或耳部大面积的瘀血斑或发绀。

【病原与传播】

弓形体为细胞内寄生虫，根据其发育阶段的不同分为五型。在猪体内有滋养体和包囊两型，在终宿主猫体内有裂殖体、配子体、卵囊三型（图3-20）。

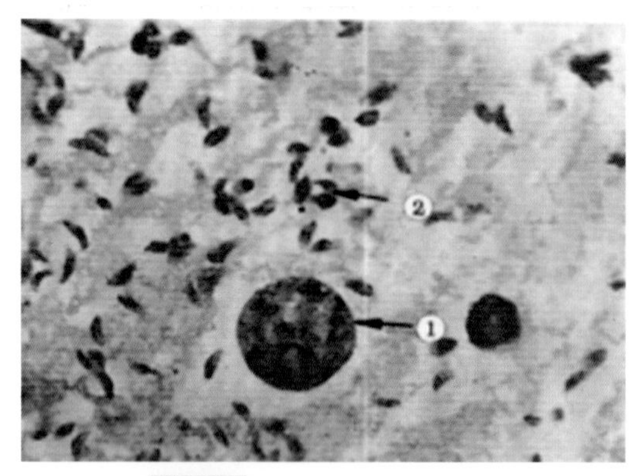

图3-20 弓形体包囊及裂殖体

虫体发育史：

① 在猫体内的发育——猫食入了含有包囊或成熟卵囊之后，其内的子孢子即进入了猫的消化道，并侵入肠上皮细胞，通过裂殖生殖产生大量的裂殖子，其中部分裂殖子转化为配子体，大小配子进行有性生殖，最后产生卵囊，随粪便排出体外，在适宜的环境中，发育为感染性卵囊。部分滋养体进入血液、淋巴循环，分布到各组织器官，侵入有核细胞进行无性的内出芽或二分法繁殖，由于机体的免疫力或其他因素的影响被部分消灭，部分在组织内形成包囊型的慢裂体，有较强的抵抗力，可存活多年。猫成为终宿主。

② 在猪体内的发育——随猫的粪便排出来的弓形体感染性卵囊污染了饲料、饮水、环境及器具，通过口、鼻、呼吸道及皮肤侵入猪的体内，主要通过淋巴血液循环进入有核细胞，形成滋养体和包囊，这些滋养体会产生毒素，刺激机体发生炎症，临床出现高热及其他急性发作的各种临床症状。

【临床症状】

潜伏期为3～7天。病初体温升高达40～42℃，稽留热型，精神沉郁，不吃料只喝水，尿液呈茶色，粪便干燥呈球状；有的病例高烧达7天之久；眼结膜充血，呼吸困难，甚或张口呼吸；全身皮肤呈粉红色，肌肉强直；体表淋巴结肿大，特别是腹股沟淋巴结肿大明显；体下部及耳部有的出现瘀血斑；母猪大面积流产，病程长10天左右（图3-21～图3-26）。

图3-21　图中上方的猪为弓形体病猪

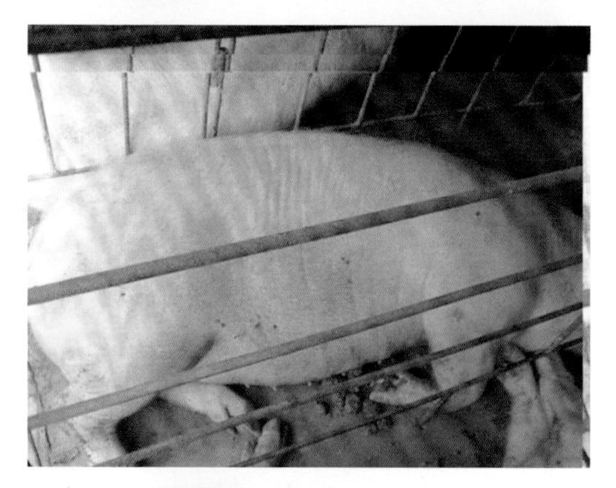

图3-22　病猪皮肤呈粉红色

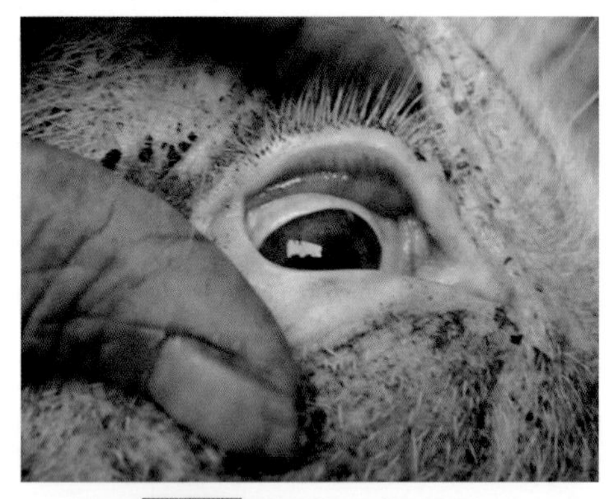

图3-23　病猪结膜高度充血

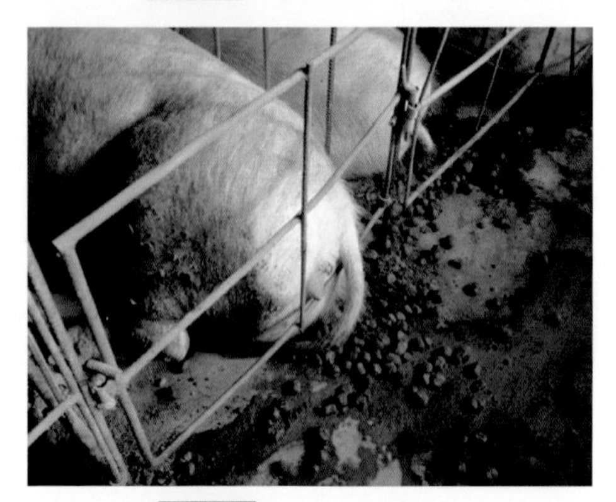

图3-24　排干燥球状粪便

图3-25　因高烧脱水尿呈浓茶水样

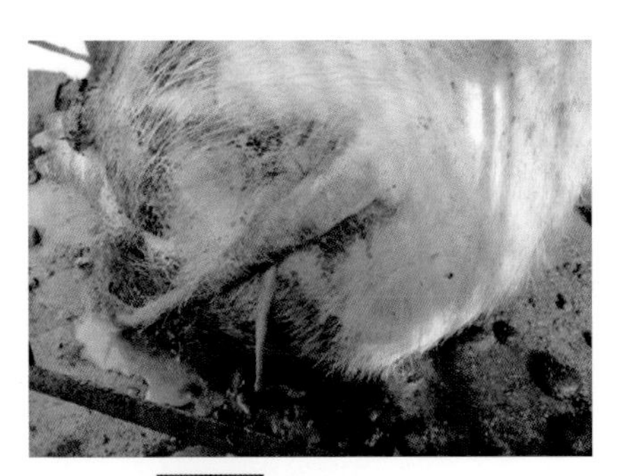

图3-26 极易发生流产

【病理变化】

全身淋巴结肿大、充血、出血；喉头水肿充血，肺出血，有不同程度的间质水肿；肝脏有点状出血或有灰黄色坏死灶；脾肾有出血或坏死灶；胃肠有出血；肾脏弥漫性瘀血呈“大红袍”肾（图3-27～图3-30）。

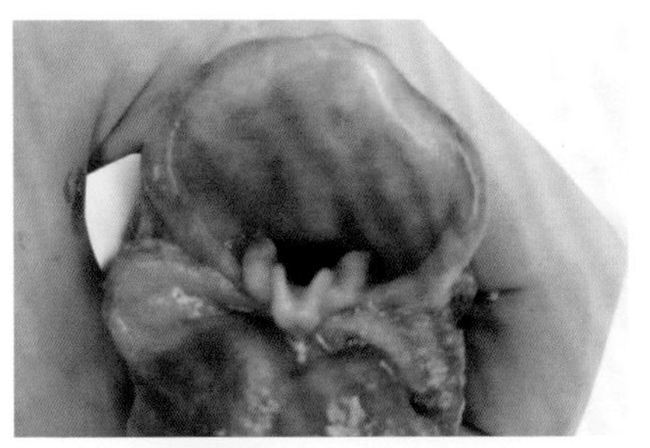

图3-27 喉头水肿充血

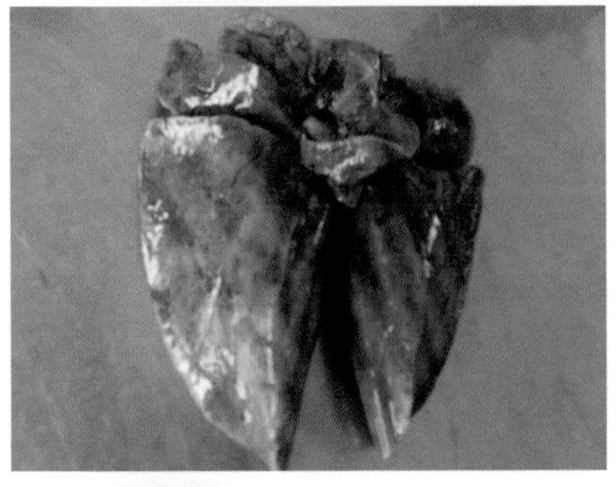

图3-28 肺脏水肿有出血点

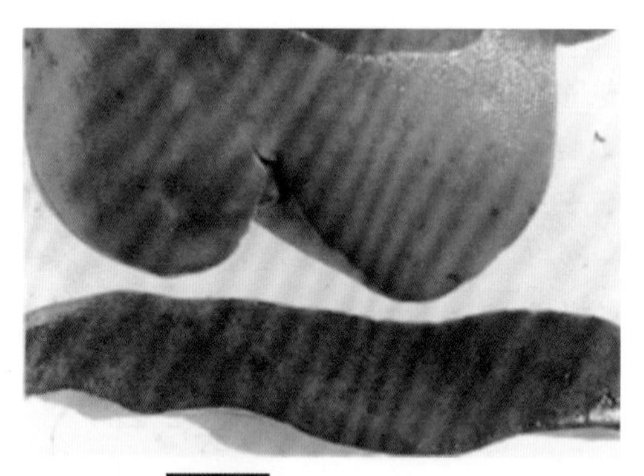

图3-29 肝及脾点状出血

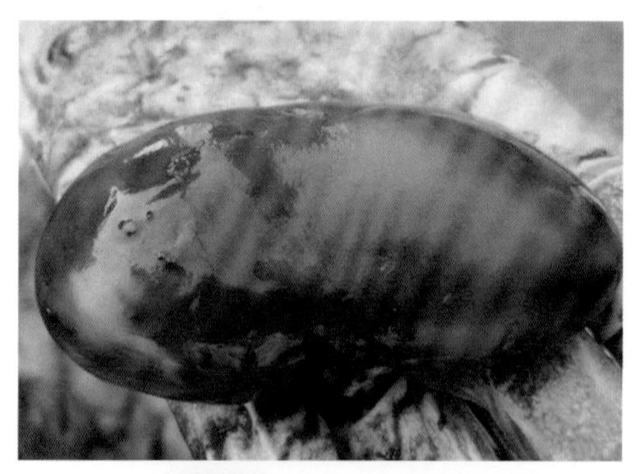

图3-30 肾脏呈大红袍样

【诊断】

确诊需实验室诊断，主要进行虫体检查、动物接种、血清学诊断。

（1）虫体检查 取病变组织、体液、动物接种的腹水作涂片或压片或切片，经姬姆萨染色或碱性美蓝（pH11）染色，镜检可见游离的或在细胞内的滋养体。

（2）动物接种 将病料接种于小白鼠、家兔等实验动物，观察发病情况进行虫体检查。

（3）血清学诊断 可用染料试验、补体结合试验、中和试验、血凝试验和荧光抗体试验等。

【防治】

（1）预防　加强猪场的日常卫生管理，环境卫生消毒，注意不养猫或不让猫进入养殖场及饲料间，避免猫粪便污染环境、饲料和饮水，采取有效措施进行灭鼠，控制野生动物进入猪场。

（2）治疗　本病早期治疗效果较好，特效药物为磺胺类，配合磺胺增效剂进行治疗。

① 磺胺-6-甲氧嘧，50 ～ 120毫克/千克体重，肌内注射，连用5天。

② 磺胺嘧啶注射液，70 ～ 100毫克/毫克体重，肌内注射，连用5天。

配合维生素和退烧药效果显著。

饲喂青绿饲草或瓜果，饮用优质电解多维水。

三、蛔虫病

【简介】

猪蛔虫病是养猪生产中常见的寄生虫病，其流行和分布极为广泛，一般感染率在50%以上，造成仔猪的生长不良，增重迟缓，有时蛔虫进入胆囊、胆道可引起猪的死亡。猪蛔虫病是造成经济损失较大的疾病之一。

【病原与发生】

猪蛔虫寄生于猪的小肠中，是一种大型线虫。新鲜虫体呈现淡红色或淡黄色，死后则为苍白色。

生活史：由粪便排出的虫卵在环境适宜的条件下（温度、湿度、氧气充足）发育成第一期幼虫，进行第一次蜕化后成为第二期幼虫，在卵内成为感染性虫卵，被猪吞食后在小肠孵化并进入肠壁血管，经血流通过门静脉到达肝脏，也有的通过不同的途径直达肝脏，在肝内进行第二次蜕化成第三期幼虫，经肝静脉、心脏到达肺脏的肺泡，进行第三次蜕化成第四期幼虫，离开肺泡进入支气管、气管、咽，被吞服进入食道、胃，最后到达小肠，迅速生长进行最后一次蜕化，成为成虫的雌虫和雄虫，在小肠内生长繁殖，到此期约需2～2.5个月。

【临床症状与病变】

不论蛔虫的成虫或幼虫对猪都有致病作用，至于猪有无临床症状取决于虫体的数量、健康状况、年龄大小和抵抗力。感染猪蛔虫的病猪，其临床症状与体内幼虫的寄生部位、移行蜕化有关，也与体内寄生数量等因素有关。

数量较少时一般没有明显的临床表现，主要表现为消瘦、贫血、营养不良、食欲不振、生长速度减缓、排出蛔虫体等（图3-31～图3-33）。

图3-31 营养不良 生长缓慢

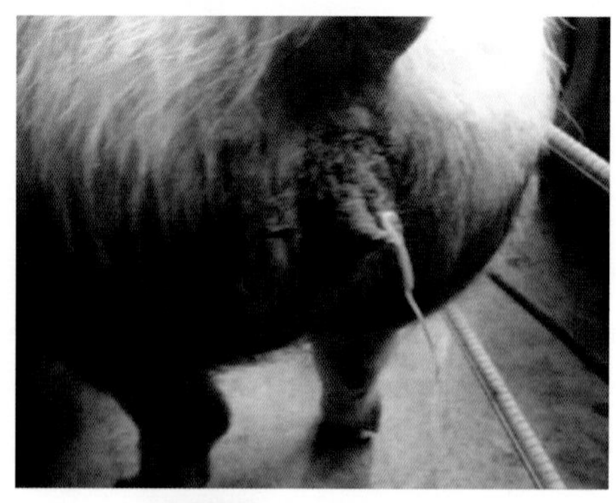

图3-32 患猪排出蛔虫体

图3-33 排出的蛔虫成虫

数量较多时，由于虫体在肠、肝、肺的移行、蜕化，可造成相应脏器的病变而产生相应的临床症状，主要表现出为咳嗽、气喘、呼吸加快、体温高、减食、无神、腹痛喜卧、有时有神经症状或皮疹等。

蛔虫对机体的致病作用主要体现在小肠、肺、肝脏。

小肠：幼虫侵入肠壁，破坏肠黏膜，引起肠黏膜下小点出血、水肿和并发炎症。虫体数量较多时，常聚集成团，堵塞肠道，可能导致肠梗死或肠破裂（图3-34、图3-35）。成虫分泌毒素作用于中枢神经和血管，引起中毒症状，如痉挛、兴奋和麻痹。死亡虫体腐败的产物也能引起致病。治疗往往不能奏效，在死后剖检时可发现。

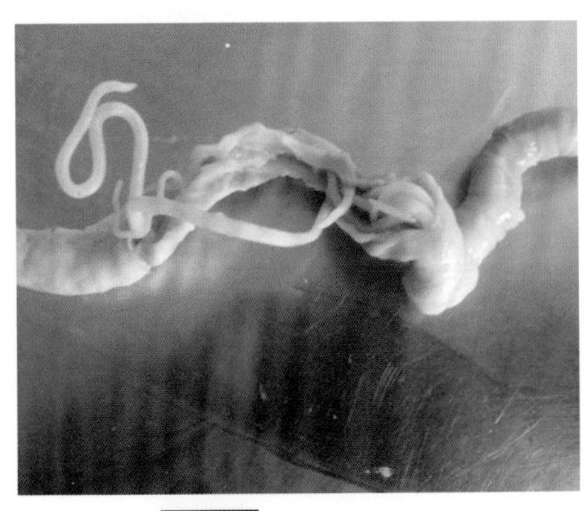

图3-34 小肠中的蛔虫

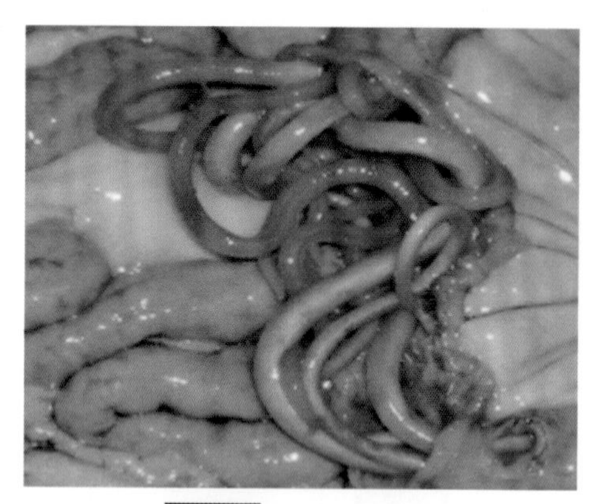

图3-35　取出的蛔虫体

肝脏：当大量的第三期幼虫在肝脏移行、蜕化、生长，可引起肝脏的充血、出血、肿胀、脂肪变性、肝组织坏死、肝脏局部或全部的纤维化，肝纤维化后在肝表面有多量边缘不规则的白色斑点或融合成块的斑纹，称为“蛔虫性肝”（图3-36）。有时在胆囊、胆管可见有钻入的蛔虫成虫。

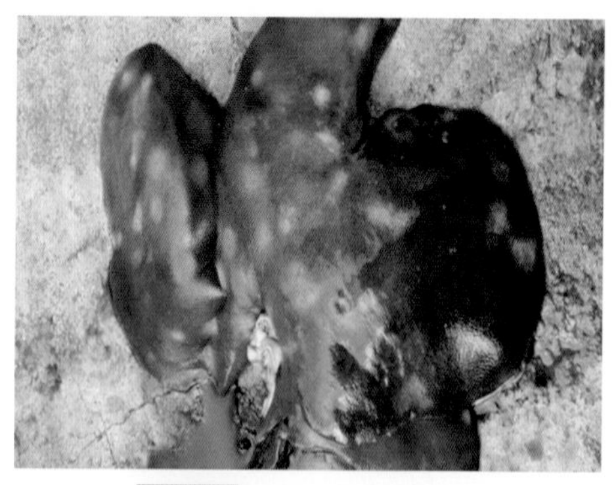

图3-36　肝脏表面的蛔虫斑

肺脏：幼虫在肺脏的移行蜕化，同样可以引起肺脏的出血、水肿，严重者可引起肺的炎症，切开肺脏可发现虫体（图3-37）；在肺的出血点周围有白细胞浸润，毛支气管渗出液中有红细胞，称为“蛔虫性肺炎”。如同时感染猪支原体、副嗜血病、流感病毒等，可加重其临床症状。

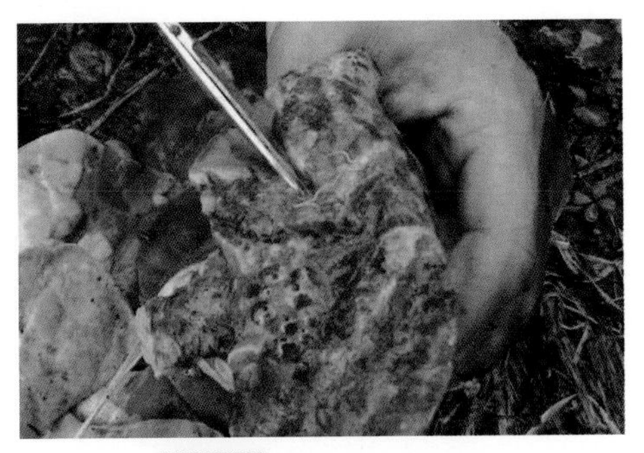

图3-37 蛔虫体清晰可见

【防治】

（1）加强饲养管理，搞好清洁卫生，保持运动场和猪舍的清洁，定期进行卫生消毒，严防饲料、饮水、食具被粪便污染。采用全进全出制，避免大小猪混养。定期进行计划性驱虫。对猪的粪便进行无害化处理，防止病原体的传播。

（2）治疗措施

① 伊维菌素驱虫：可以作定期计划驱虫也可做治疗驱虫。伊维菌素注射液，皮下注射，一次量0.3毫克/千克体重。内服虫克丁，0.1毫克/千克体重，每日一次，连用七天。

② 丙硫苯咪唑：内服，一次量5～10毫克/千克体重。

③ 左咪唑（左旋咪唑）：内服、皮下或肌内注射。一次量7.5毫克/千克体重。制剂有盐酸左旋咪唑注射液、盐酸左旋咪唑片和左咪唑透皮剂。

四、疥螨病

【简介】

猪疥螨病俗称“癞皮症”，是由猪疥螨虫寄生于猪的真皮内所引起的一种慢性皮肤寄生虫病，仔猪最易感染。此病在条件较差的猪场仍时有发生。

【病原与发生】

疥螨虫虫体很小，雄虫长0.22～0.33毫米，宽0.16～0.243毫米。雌虫长0.339～0.509毫米，宽0.283～0.385毫米。虫体呈圆形或龟形，暗灰色，腹背扁平，头胸腹融合为一体（图3-38）。

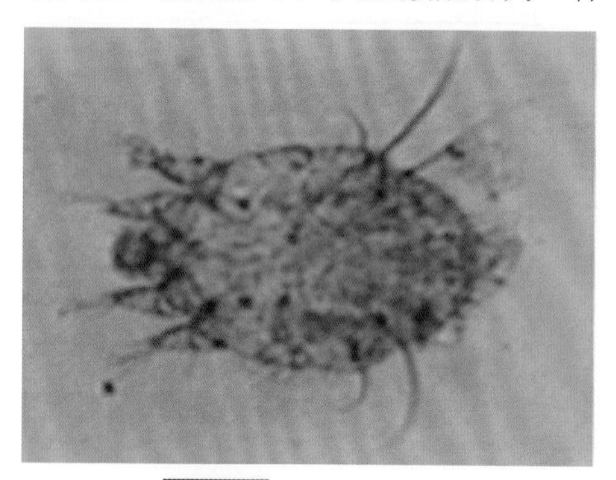

图3-38 猪疥螨虫形态

疥螨虫的发育史包括卵、幼虫、若虫及成虫四个阶段。交配后的雌虫在猪的真皮肤层内穿孔打隧道，并在其内产出虫卵，每天钻进2～5毫米，产卵1～2个。每隔一定距离有若干个小孔向外通气，虫卵在洞中孵出幼虫，体型小的经二次蜕皮变为雄虫，体型大的经二次蜕皮变为若虫，与雄虫交配后蜕皮成雌成虫，从卵到成虫约需15～20天。在良好的条件下7～8天可完成发育周期。

猪疥螨是一种接触性的疾病，接触病猪污染的圈舍、用具、垫草等都可以感染，猪的拥挤、阴暗、潮湿有利于疥螨的传播，往往以寒冷的冬春季节严重，气温高的季节感染较轻。一般来说幼猪感染严重，成猪相对来说较轻。卫生条件好的、营养状况好的、通风条件优良的圈舍发病较轻。

疥螨虫体对干燥、日光和温度变化的抵抗力较弱，在宿主体外生存不超过两周。虫卵离体10～30天仍有感染力。

【临床症状】

仔猪从头部开始向耳、颈、腹、四肢和腹下蔓延，波及全身（图3-39～图3-41）。由于疥螨的生长繁殖刺激神经末梢引起痒感，

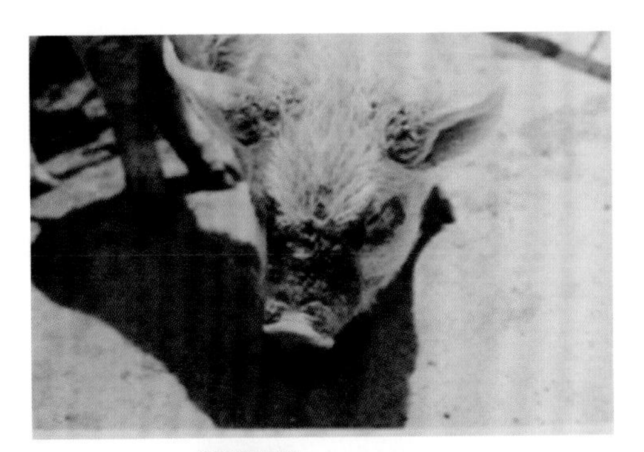

图3-39 颜面部结痂

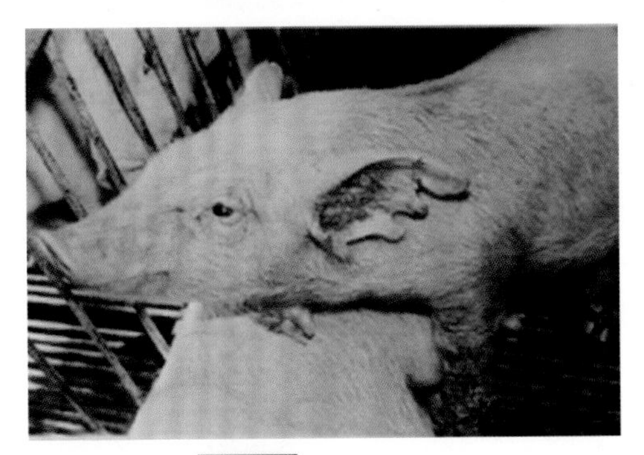

图3-40 耳廓内结痂

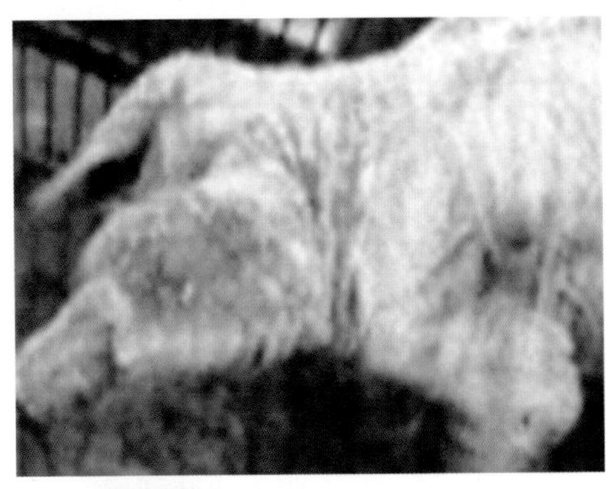

图3-41 头颈部皮肤擦破出血、结痂

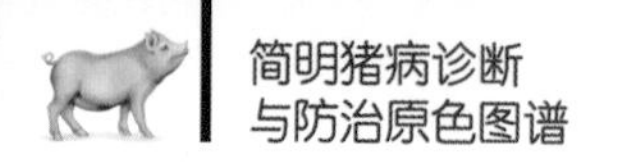

摩擦导致皮肤发炎，出现疹块、水泡，破溃结痂，如化脓感染可出现脓疱，严重时皮肤粗糙肥厚，皲裂落屑，失去弹性，形成皱褶，毛囊被破坏，患部脱毛、污秽不堪。虫体的分泌物可导致全身代谢机能紊乱。病猪食欲不振，营养不良，不安，频频摩痒，生长缓慢，波及全身时可引起衰弱而死。

【鉴别诊断】

本病要和湿疹、真菌的癣病相区别。根据临床症状，结合检查虫体，方可确诊。

（1）活虫检查　取病健交界处的新鲜痂皮，以将要出血为度，将痂皮放在黑玻片上，在灯头上微微加热，在光亮处或日光灯下用放大镜仔细观察有无活的虫体在爬行。

（2）用（1）中病料放在载玻片上，加50%的甘油、液状石腊或煤油，铺成一薄层，加盖玻片低倍镜检。

（3）如上述方法仍查不到虫体，可多采痂皮置玻杯中，加10%的氢氧化钠溶液仔细捣碎，煮沸数分钟，去掉粗渣，沉淀5～10分钟，取沉渣镜检虫卵、虫体。

【防治】

（1）预防　加强饲养管理，注意环境卫生，定期消毒，发现病猪及时隔离治疗，引进仔猪或种猪要认真检查，经检查无病方可混群。

（2）治疗

① 伊维菌素注射液0.3毫升/千克体重，皮下注射，一次量。待1～2周后再重复用药一次；同时如有皮肤病变要采取必要的措施进行对症治疗。

② 中药疗法：烟叶1 份，水20份。煮沸1小时，取煎液洗涤患部。

第四章

普通病

一、胃肠炎

【简介】

胃肠炎是黏膜层及其深层组织的炎症过程。由于胃肠相互的密切关系，胃和肠的炎症多相继发生或同时发生，故合称为胃肠炎。胃肠炎是猪的常见多发病。

【病因】

原发性胃肠炎的发生原因如下：

① 饲喂霉败饲料或饮用不洁之水；

② 食入了尖锐的异物损伤胃肠黏膜后被链球菌、金黄色球菌等化脓菌感染；

③ 误咽了酸、碱等有强烈刺激性或腐蚀性的化学物质；

④ 猪舍阴暗潮湿，卫生条件差，气候骤变，车船运输，过度劳累、紧张，动物机体处于应激状态，容易受到致病因素侵害，致使胃肠炎发生；

⑤ 滥用抗生素造成肠道的菌群失调引起二重感染，如仔猪在使用广谱抗生素治愈肺炎后不久，由于胃肠道的菌群失调而引起胃肠炎。

继发性胃肠炎的发生原因：常继发于急性胃肠卡他、肠便秘、肠变位、幼猪消化不良、化脓性子宫炎、猪球虫病等。

【临床症状】

病猪食欲减少或消失，常见饮水增加并伴发呕吐，有时呕出物中带血液或胃黏膜。腹泻，粪便稀呈粥样或水样（图4-1、图4-2），腥臭，有时混有黏液、血液和脱落的黏膜组织，有的混有脓液。有不同程度的腹痛和肌肉震颤。病的初期肠音增强，随后逐渐减弱直至消失；当炎症波及直肠时，排粪呈里急后重。眼结膜暗红或发绀，眼窝凹陷，皮肤弹性减退，尿量减少。随着病情恶化，病猪体温降至正常温度以下，其精神高度沉郁甚至昏迷。

图 4-1　猪只水样腹泻

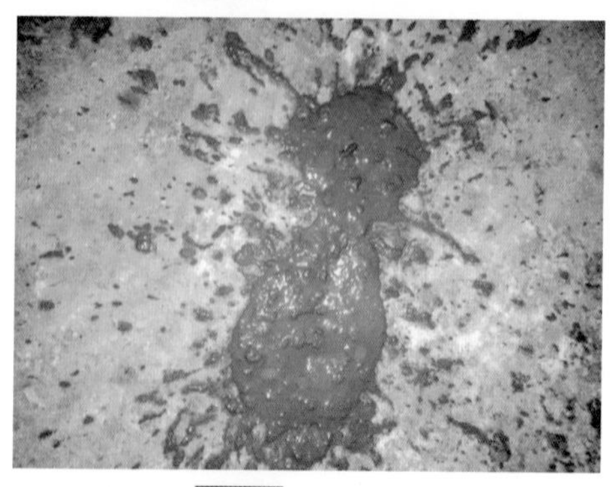

图4-2　稀软粪便

如炎症局限于胃和十二指肠，病猪精神沉郁，排粪迟缓、量少、色暗、干小呈球状，粪球表面覆有黏液，常伴有轻度腹痛症状。

慢性胃肠炎，病猪精神不振，衰弱，食欲不定，时好时坏，挑食异嗜，常见舔食砂土、墙壁、食槽和粪尿；便秘或与腹泻交替发生，其体温、脉搏、呼吸无明显变化。

【病理变化】

以胃肠道炎症为主。主要病变在胃和小肠，呈现充血、出血并含有未消化的小凝乳块或饲料，肠壁变薄（图4-3、图4-4）。

图4-3 胃黏膜充血出血

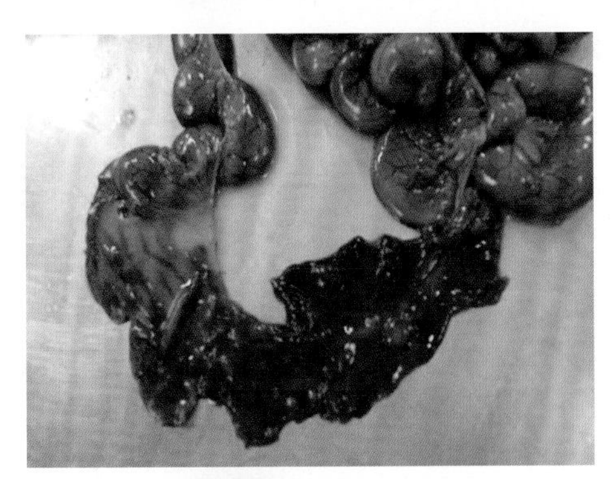

图4-4 肠黏膜出血

【诊断】

有采食和饮用霉变、不洁及有毒的饲料及饮水病史；有呕吐和拉稀症状且排粪频繁，内含黏液、血液，恶臭或腥臭；脱水严重；病变主要在胃和肠道。

【防治】

（1）预防　搞好饲养管理工作，不用霉败饲料喂猪，不让猪采食有毒物质和有刺激、腐蚀性的化学物质；防止各种应激因素的刺激；搞好猪的预防和驱虫工作。

（2）治疗　治疗原则是清理胃肠、消除炎症、预防脱水、保肝解毒。

① 抑菌消炎。肌注庆大霉素(150～300国际单位/千克)、环丙沙星（2～5毫克/千克）等抗菌药物。

② 清理肠胃。在肠音弱，粪干、色暗或排粪迟缓，有大量黏液，气味腥臭者，为促进胃肠容物排除，减轻自体中毒，应采取缓泻措施。常用液体石蜡（或植物油）50～100毫升，鱼石脂10～30克，酒精50毫升，内服。也可以用硫酸钠10～30克(或人工盐15～40克)，鱼石脂10～30克，酒精50毫升，水适量，内服。在用泻剂时要注意防止剧泻。

当病猪粪稀如水，频泻不止，腥臭气不大，不带黏液时，应止泻。可用药用碳20～30克加适量温水内服；或者用鞣酸蛋白5克、碳酸氢钠40克，内服。

③ 扩充血容量，纠正酸中毒。500毫升生理盐水＋50毫升碳酸氢钠＋维生素C静注。一般先按脱水量的1/2或2/3来估算，边补液边观察。补充碳酸氢钠时，可先输2/3量，另1/3可视具体情况续给。

④ 中药。用白头翁根35克、黄柏70克加适量水煎服；或用槐花6克、地榆6克、黄芩5克、藿香10克，青蒿10克、赤芩6克、车前9克，水煎服。针灸穴位：脾俞、百会、后海。针法：白针。

⑤ 护理。胃肠炎缓解后，幼猪用多酶片、酵母片或胃蛋白酶乳酶各10克；大猪用健胃散20克、人工盐20克分三次内服，或用五倍子、龙胆、大黄各10克，水煎服，可增加疗效，防止复发。开始采食时，应给予易消化饲料和清洁饮水，然后逐渐转为正常饲养。

二、急性肠梗死

【简介】

猪的肠梗死即由于各种机械性原因，致使肠内容物后送障碍，临床出现急性腹痛和死亡的疾病。急性发作的主要有肠套叠和肠扭转。

【病因】

急性肠梗死发生的主要原因是突然应激所致，多见天气突变、异常音响、突然换料、冷水应激、猪只打斗、蹦高跳跃等。常见吃料正常，在采食过程中或食后不久随即出现症状。

【症状与病变】

肠套叠和肠扭转均会出现突然发病、不食、呕吐、臌气、弓背努责、腹疼呻吟等症状，但肠扭转不见或少见干硬粪便排出，而肠套叠则见排出血稀便。猪的腹痛表现以在圈栏内的墙边伏卧为主。

由于小肠肠系膜发达且游离性较强，所以小肠最易发生肠套叠和肠扭转。

主要病理变化为腹腔积有血水，肠管臌气、积液，肠管充血、瘀血或坏死，肠粘连，广泛发生腹膜炎，发现有肠扭转索或套叠部（图4-5 ～图4-9）。

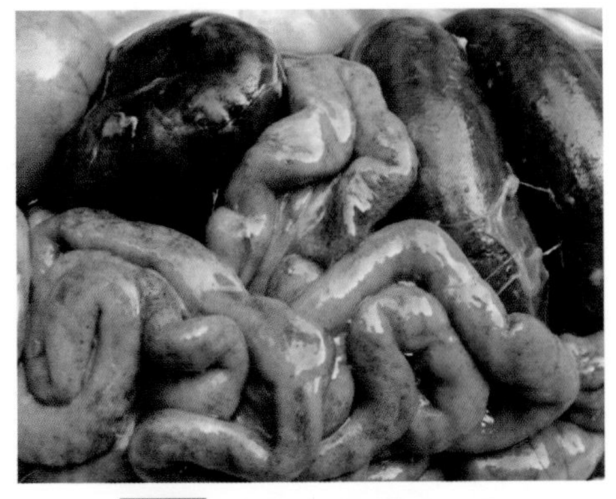

图4-5　肠壁病变肠管瘀血黑紫

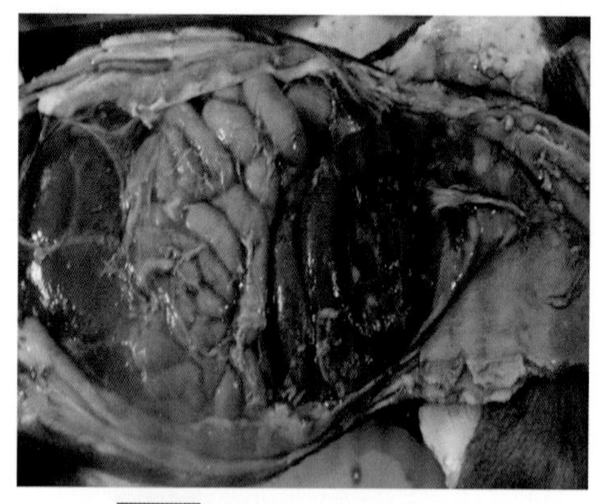

图4-6 病变肠管黑紫，腹膜炎

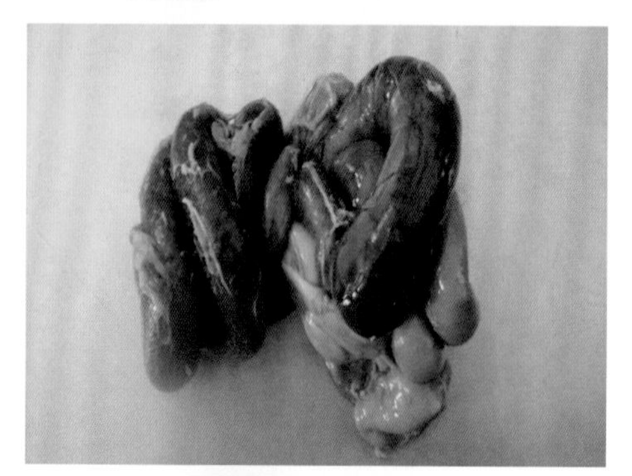

图4-7 轻度肠扭转

图4-8 重度肠扭转

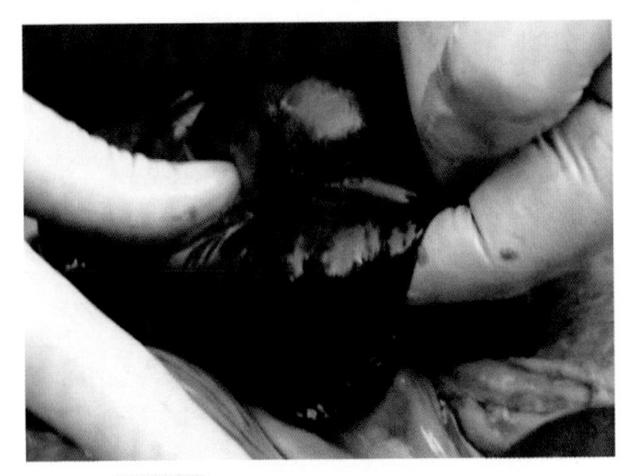

图4-9　肠叠肠管严重郁血、坏死

【诊断要点】

（1）临床特征　突然发病、伏卧不动、呻吟努责、不食呕吐（肠套叠排血便）。

（2）剖检变化　腹膜炎、肠坏死、发现套叠部和扭转索即可确诊。

【治疗措施】

此病主要靠加强管理来预防，天气突变时要注意保温，主要是防止温差过大；猪舍周围要注意安静，避免突发的极强音响；改换饲料要有过渡期，以防发生应激等。

该病药物治疗无效，确诊后应立即手术。由于发病突然，5个小时左右即可死亡，加之诊断较困难，所以往往不能及时正确地给予治疗。

三、霉菌毒素中毒

【简介】

近年来，随着饲料原料霉变和因饲料存放不合理而造成饲料霉变日趋严重，尤其是黄曲霉毒素、赭曲霉毒素、新月毒素群、呕吐毒素和赤霉毒素的不断滋生，给猪的生长造成了极大伤害，应高度重视。

首先，毒素对猪免疫系统的损害几乎是毁灭性的：严重破坏淋巴结、胸腺、脾脏、骨髓，肝脏损伤严重，导致机体发生免疫抑制，使疫苗不产生抗体、抗体产生不达标、用苗反而发病等，致使混合感染严重。

其次，毒素对代谢器官破坏极其严重，能使肝细胞被破坏、肾小管坏死堵塞、脾脏败血肿胀、心肌水肿、肺脏出血瘀血水肿、内分泌失调，能造成母猪长期不发情、屡配不怀孕。

再次，毒素破坏消化系统，破坏胃黏膜及小肠黏膜，使消化系统处于亚瘫痪状态，营养不能吸收、生长迟滞、性能下降等。

【病因】

发生霉变的饲料、饲料原料，生长霉菌的饮水系统和环境，都是造成和发生猪霉菌及霉菌毒素中毒的主要原因。

【临床症状】

长期饲喂霉菌及毒素含量超标的饲料，即便检测一种毒素不超标，而几种不超标的毒素溶合在一起，照样可以发生中毒——叠加中毒。

病猪被毛粗乱无光泽，皮肤有出血斑点，发生腹泻甚至异食；断奶仔猪出现猪脸溃烂，尾巴坏死，阴唇充血和肿胀；生长育肥猪出现便秘或脱肛；经产母猪阴道松弛、外阴水肿、下垂、不发情和不怀孕等（图4-10～图4-16）。

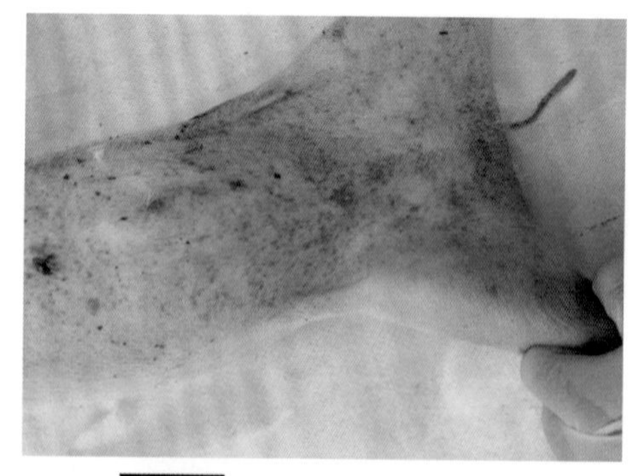

图4-10 病猪皮肤有出血点或斑

图4-11 新月毒素：面部发生溃烂

图4-12 仔猪尾巴发生坏死

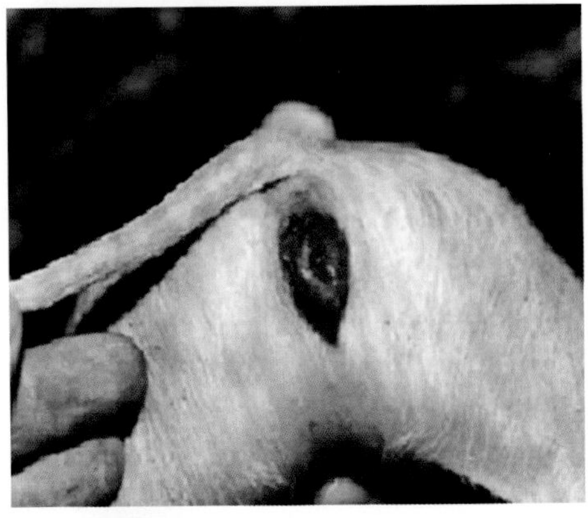

图4-13 赤霉烯醇：外阴充血水肿

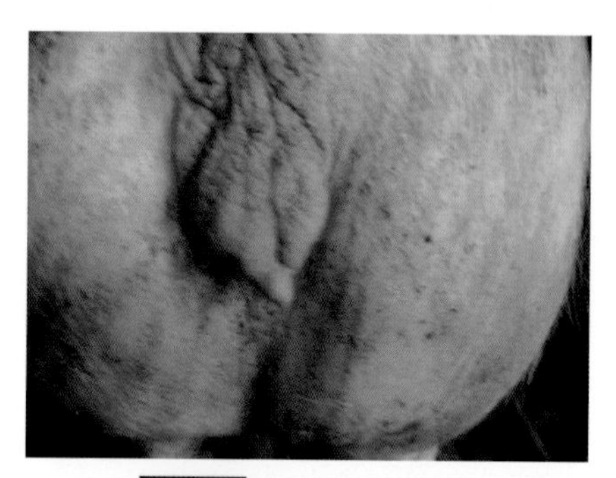

图4-14　中猪外阴部水肿

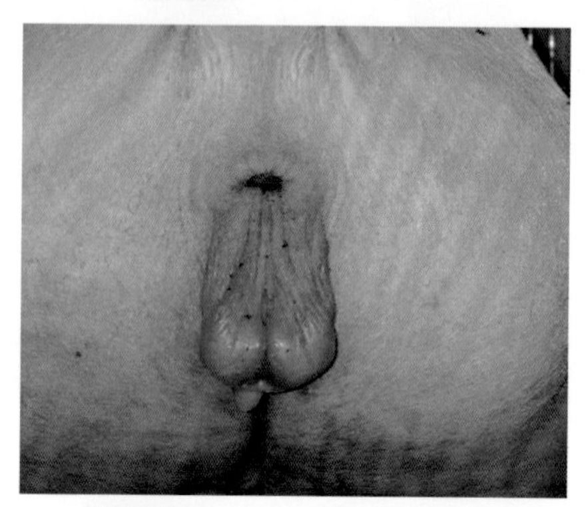

图4-15　经产母猪外阴水肿下垂

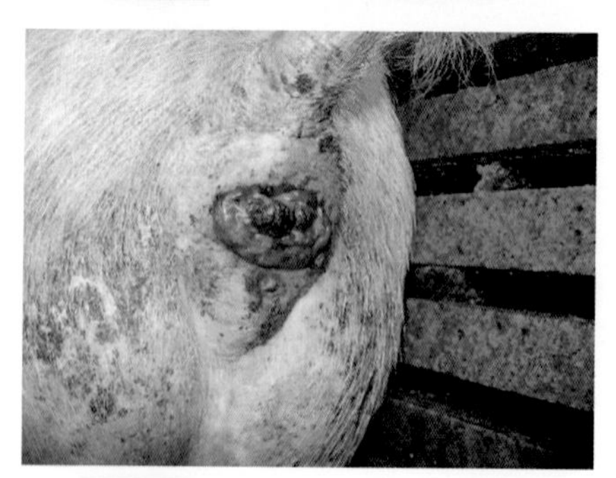

图4-16　生长育肥猪肛门松弛便秘

【病理变化】

剖检可见皮下有出血瘀血斑（图4-17）；肺脏、脾脏有瘀血黑

斑（图4-18、图4-19）；肝脏肿胀变黑（图4-20）；肾脏呈黄色（图4-21）；胎衣郁血黑斑（图4-22），胃黏膜弥漫性溃疡等（图4-23）。

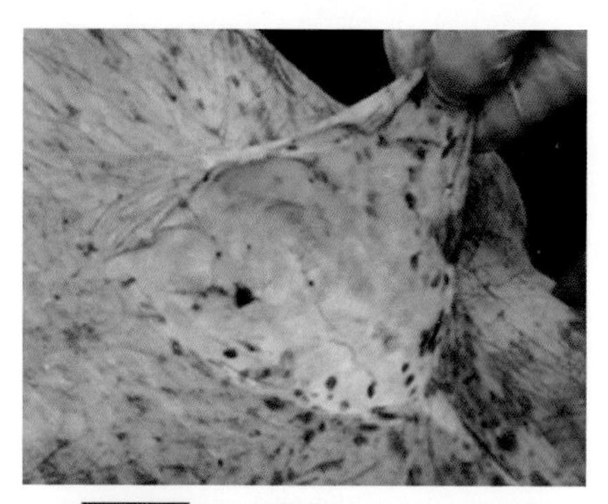

图4-17 黄曲霉素致皮下有出血斑

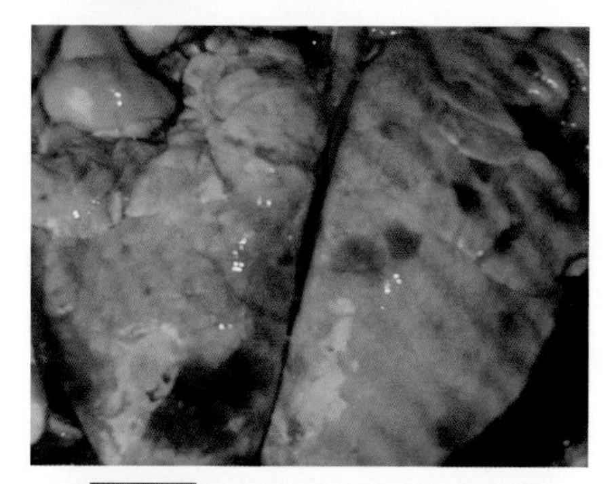

图4-18 烟曲霉素致肺脏瘀血黑斑

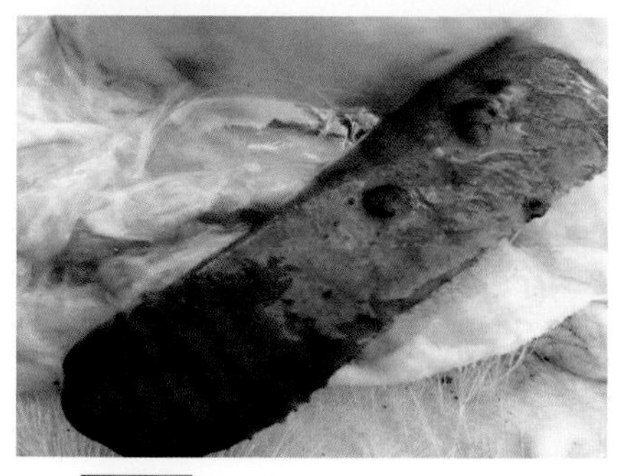

图4-19 赭曲霉素致脾脏瘀血黑斑

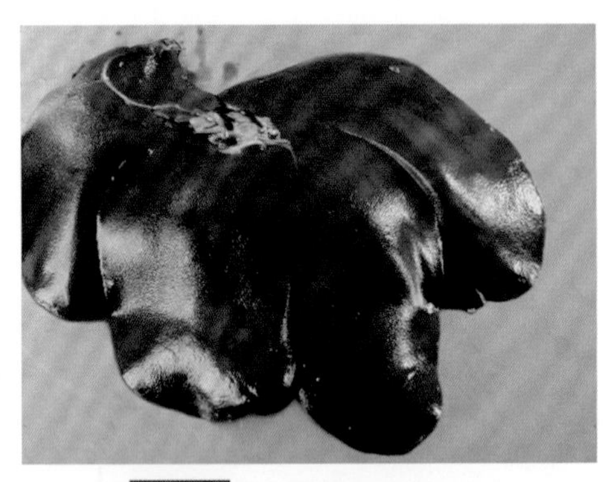

图4-20 毒素致肝脏肿胀发黑

图4-21 毒素致肾脏黄染

图4-22 毒素致胎衣郁血黑斑

图4-23 毒素致胃黏膜弥漫性溃疡

【诊断要点】

脸部溃烂结痂，外阴充血红肿，阴唇水肿下垂，肛门松弛脱出，乏情不孕流产。

【治疗】

（1）严禁应用发霉的原料及饲料，并应及时对原料和饲料进行检测。

（2）饮水系统要定期冲洗、酸化、消毒、祛除生物膜。

（3）高温高湿季节要定期应用饲料脱霉及制霉剂。仅仅吸附脱霉似乎不够，应大量应用能够将霉菌致死、毒素灭活的制霉剂，同时应用高效保肝解毒剂。

四、多发性皮炎

【简介】

近几年猪的皮肤炎症性疾病频发，原因和表现形式也多种多样，给养猪生产造成极大损失，应引起业界人士的高度重视。

【病因】

造成猪的皮肤炎症的病因很多，例如渗出性皮炎、毛囊虫性皮炎、疥螨性皮炎、病毒性皮炎、坏疽性皮炎、过敏性皮炎等，应注意鉴别诊断。

【临床特征与病变】

多发性皮炎临床表现多样：有的光滑无毛，有的全身结痂，有的掉毛脱皮，有的全身起水泡，有的感染成脓疱等。这些都对猪的饲养、营养、生长和休息造成莫大影响（图4-24～图4-30）。

图4-24　真菌引发的渗出性皮炎

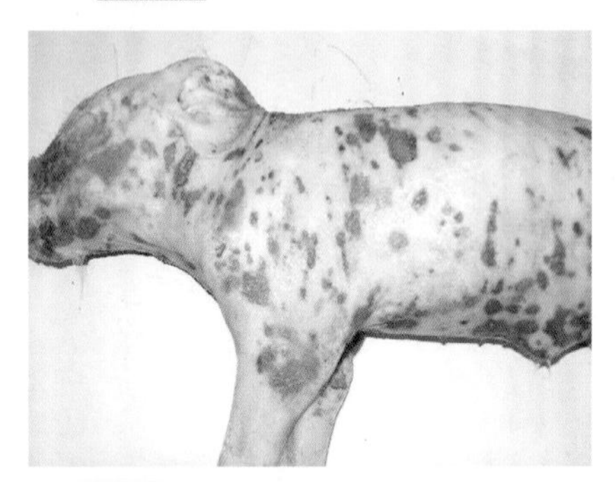

图4-25　消毒液冲洗后的渗出性皮炎

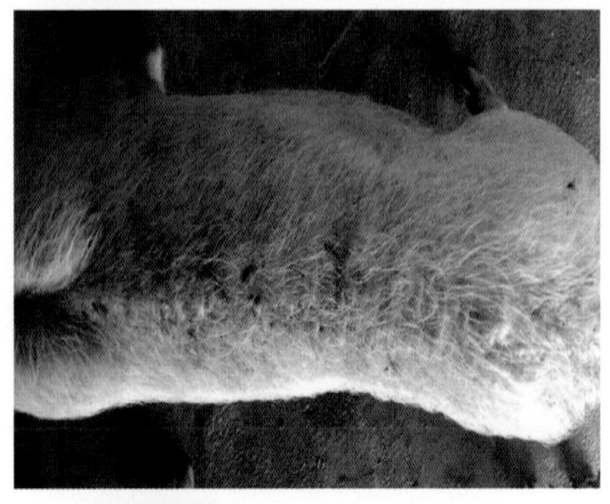

图4-26　蠕形螨：背部有水泡

图4-27　蠕形螨：耳根部有水泡

图4-28　强光所致皮肤过敏发红

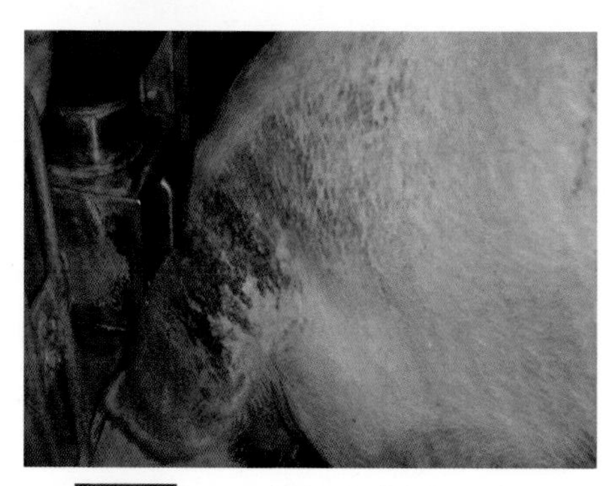

图4-29　因运动暴晒光过敏皮炎-龟裂

图4-30　蚊虫叮咬引发的皮炎

【诊断要点】

对各种皮炎重点是搞好临床鉴别诊断。

【治疗】

在分清发病原因的基础上，采取分类有针对性的预防和治疗措施。

（1）真菌主要感染哺乳仔猪，和产房圈舍有很大关系，因此圈舍消毒至关重要。对已经感染的仔猪，可以用温消毒水泡澡，对耳朵、眼周和脸部等泡不到的部位，可以用纱布浸泡温消毒水湿敷局部，泡敷完后擦干猪体，再涂以克霉唑软膏。

（2）对蠕形螨引发的皮炎，除局部处理外，要应用驱虫剂。

（3）对光过敏的猪要避免强光照射，已经发病的猪不要再次见光，皮肤龟裂的局部涂以药物软膏即可。

（4）对蚊虫叮咬造成的皮炎要改善管理消毒措施，防止蚊虫再次叮咬。

五、颈部肿胀

【简介】

颈部肿胀多见化脓性肿胀，偶有血肿或淋巴肿。主要原因是防疫和治疗注射时，局部不消毒或消毒不严格而感染，有的是由

于猪只打斗、啃咬、挤压、擦撞导致局部毛细血管或淋巴管断裂，形成的血肿或淋巴肿。

【临床特征】

在耳后颈部左侧或右侧出现一个或几个大小不等的肿块，有的破溃，有的结痂，触摸有热有痛，病猪躲闪。当触摸按压肿块有波动感时，则说明肿块内可能已化脓，或者有血液，或者有淋巴液等（图4-31～图4-36）。

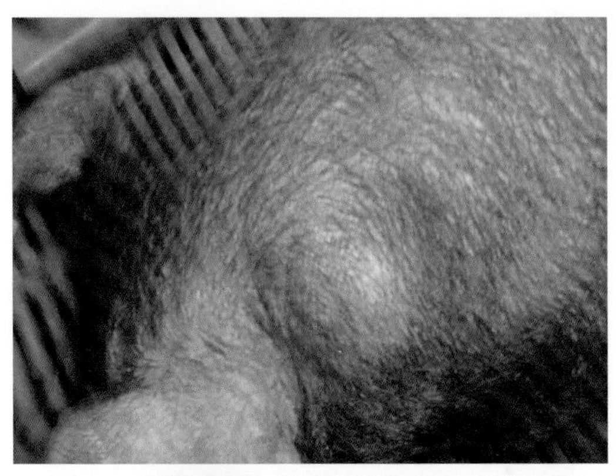

图4-31 左侧颈部肿胀硬实

图4-32 颈下三分之一处肿胀硬实

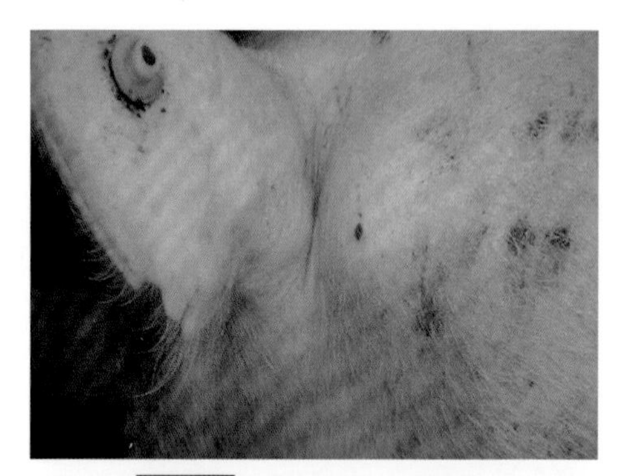

图4-33　颈部肿胀　中间变软

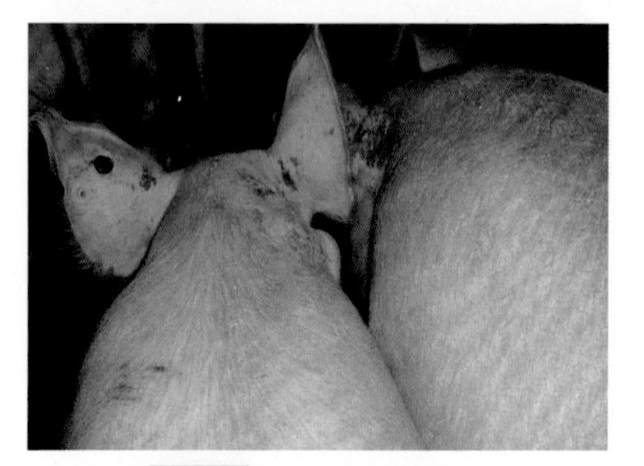

图4-34　右侧颈部两处肿胀

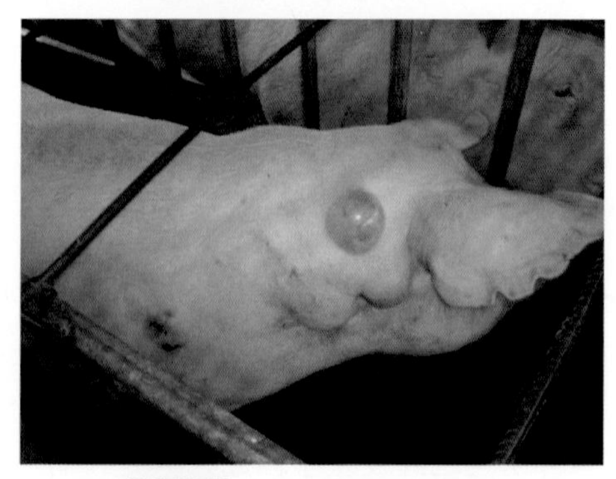

图4-35　肿胀发亮的内有液体

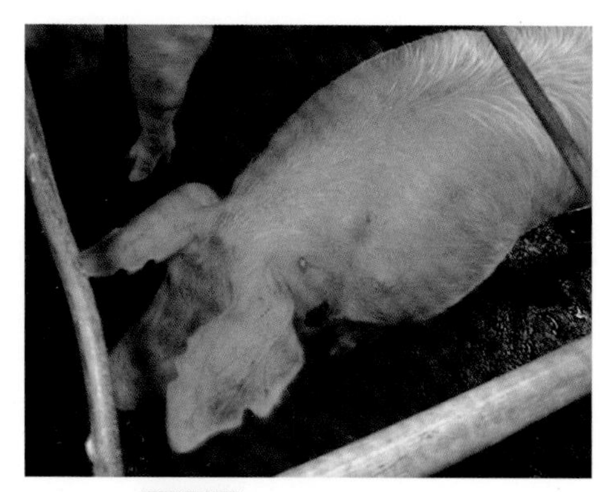

图4-36 颈部肿胀处已化脓

【治疗】

（1）对于感染造成的肿胀，应及时局部消毒，并注射抗生素。

（2）对于肿胀严重、炎症剧烈，抗生素无法控制时，可以促进脓肿尽快形成。

（3）对于已经成熟的脓肿应及时切开、排脓、冲洗，适量应用抗生素即可。

（4）对于外伤所致的血肿（经穿刺确诊），应及时施以冷敷和应用止血剂，以后形成的慢性血肿也可无菌切开予以清理。

（5）对于外伤所致淋巴液渗出而形成的肿胀，应极力避免运动，因淋巴液无凝固因子，并在活动时加大渗出。待不再增大时即可无菌穿刺并引流液体。

六、亚健康

【简介】

当前不少猪场出现一些“脏猪”，而这些看似很脏的东西并不是因地面不洁所造成的污染，而是由于猪体内分泌代谢紊乱所致。这些猪采食饮水似乎还很正常，其实它们已经面临着疾病的威胁，至少身体及其器官功能已经发生了问题，只是没有临床发病而已。这些猪群称为“亚健康”猪群。

【病因】

由于土壤、水源、空气、环境、饲料、霉菌以及药物滥用等形成的大量毒素，加之缺乏运动，对于猪只的生长造成极大障碍，尤其猪的肝脏负荷太重，致使解毒功能明显降低，进而导致激素分泌紊乱，体内代谢发生异常，反映在猪的体表，就会出现类似铁锈斑点样的物质附着在表皮或毛根处，即形成“脏猪”。

【临床症状】

大群猪精神、体温、采食、粪便均无异常，多在鼻端、面部、头部、眼周、耳部、颈部、脊背处、腰臀部等处出现崩皮、结痂、铁锈样物；有的缺乏运动、过度肥胖；有的站立、卧倒出现异常等（图4-37～图4-44）。

图4-37 颜面部、眼周围、耳背部不洁

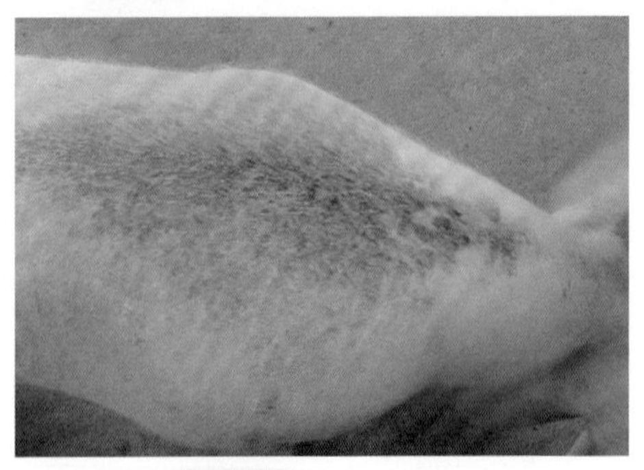

图4-38 肩背部不洁

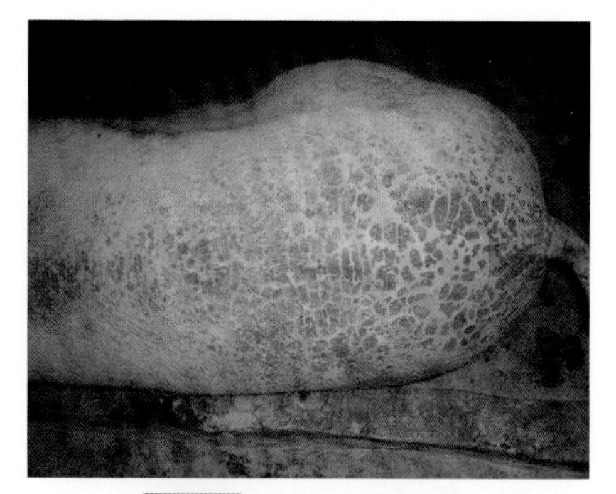

图4-39 腰臀部不洁、崩皮

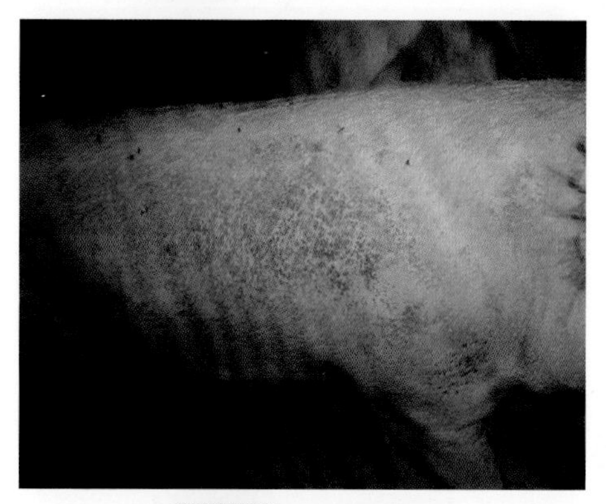

图4-40 胸腹部不洁

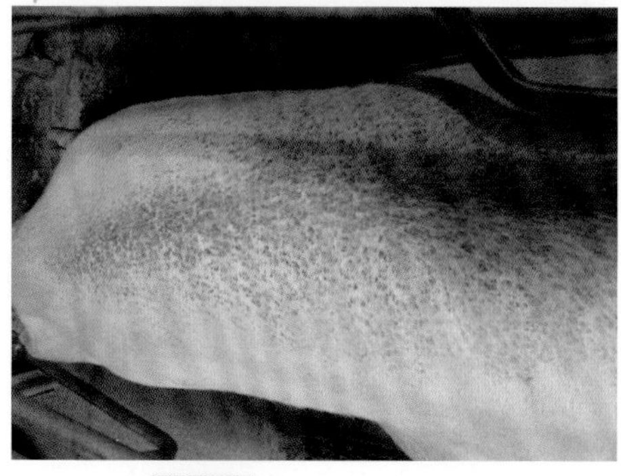

图4-41 全身不洁、崩皮

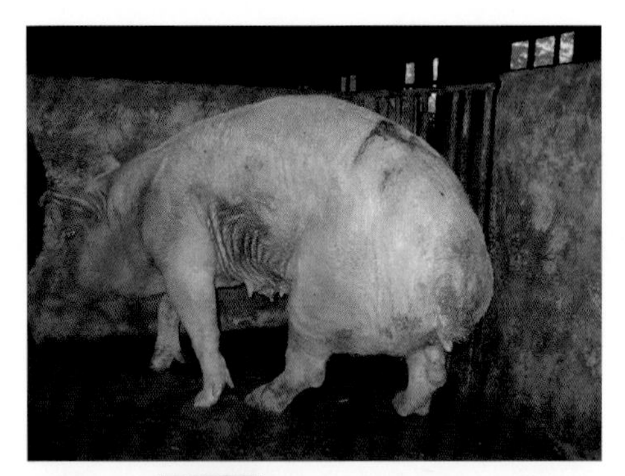

图4-42 站立、运动障碍

图4-43 卧下休息很吃力

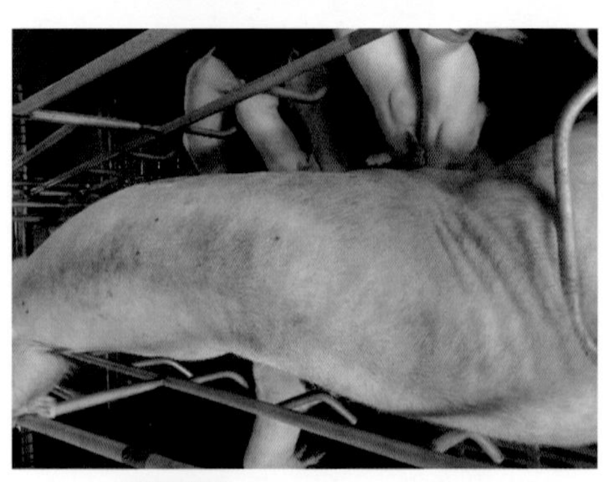

图4-44 长期限位、缺乏运动

“脏猪”多发生在母猪群和育肥猪群，并极易继发附红细胞体病。

【防治措施】

（1）标准饲养场应设立母猪运动场，及时运动，增强体质，使内分泌平衡。

（2）对限位栏应予改造，尽最大可能增加猪的活动面积。目前已有不少设备制造厂家注意到了此问题并对限位设施给予了改进。

（3）全面均衡饲料营养成分，特别注意维生素、微量元素和钙质的添加。

（4）经常应用诸如保肝、养肝、护肝、强肝以及制霉、解毒、强肾、排毒的高效制剂，对于调整内分泌、保证猪只健康会起到良好作用。

七、阴囊疝

【简介】

疝即腹腔脏器通过天然孔道或病理裂口脱出于另一腔洞或皮下的症状。阴囊疝是指小肠经扩大了的腹股沟内环和腹股沟管直接进入阴囊而形成。在猪经常发生阴囊疝和脐疝，脱出物多为小肠。猪的急性嵌顿性阴囊疝可导致急腹症而死亡。

【病因】

阴囊疝分先天性和后天性两种（图4-45），多为一侧性，先天性阴囊疝是腹股沟管内环过大所致，公猪有遗传性。其常在出生时发生(先天性腹股沟阴囊疝)，或在出生几个月后发生，若非两侧同时发生则多半见于左侧。后天性腹股沟阴囊疝主要是腹压增高而引起的，如爬跨、两前肢凌空、身体重心向后移、腹内压加大等都会导致发生腹股沟阴囊疝，还有猪群的挤压、跳跃和激烈挣扎都可能加大腹内压力而引发该病。如果肠管卡在腹股沟管内而未到达阴囊的，称为腹股沟疝。

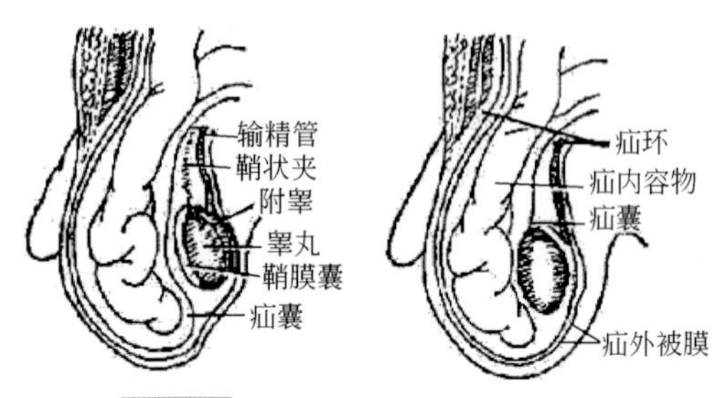

图4-45　先天性和后天性疝结构特点

【临床症状】

公猪的阴囊疝可发生于一侧或两侧阴囊（图4-46），多为可复性阴囊疝，随着体位的改变和腹内压的变化，阴囊的大小也随之变化，用手压迫阴囊可使阴囊内的肠管进入腹腔，停止压迫后肠管再度进入阴囊内。可复性阴囊疝对猪的生长发育无明显的影响，只有在阴囊内的脏器过多时可影响猪的食欲及发育。若进入阴囊总鞘膜内的肠管不能还纳回腹腔内，而在腹股沟内环处发生钳闭时（图4-47），可发生全身症状，如腹痛、呕吐、食欲废绝。有的腹股沟和阴囊同时发生腹腔内容物坠入，称为腹股沟-阴囊疝（图4-48）。当被钳闭的肠管发生坏死时，可发生内毒素性休克而引起死亡。

【诊断】

根据临床症状即可做出诊断。

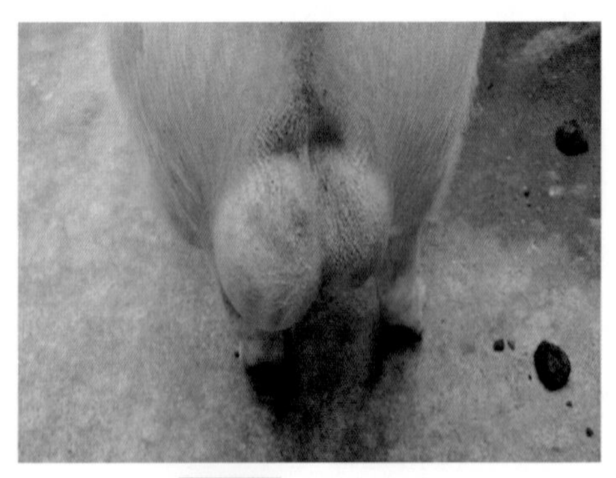

图4-46　左侧阴囊疝

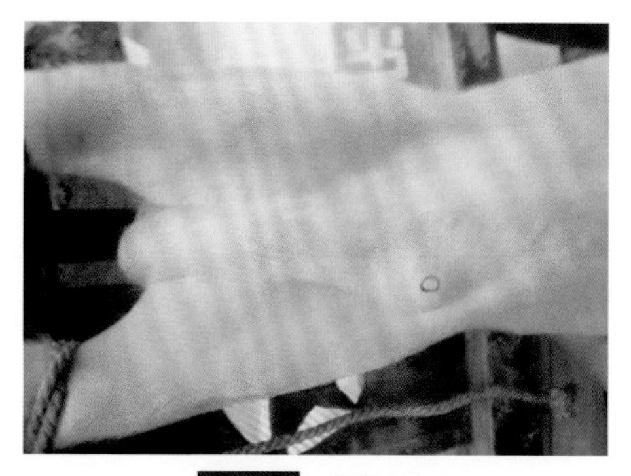

图4-47 腹股沟疝

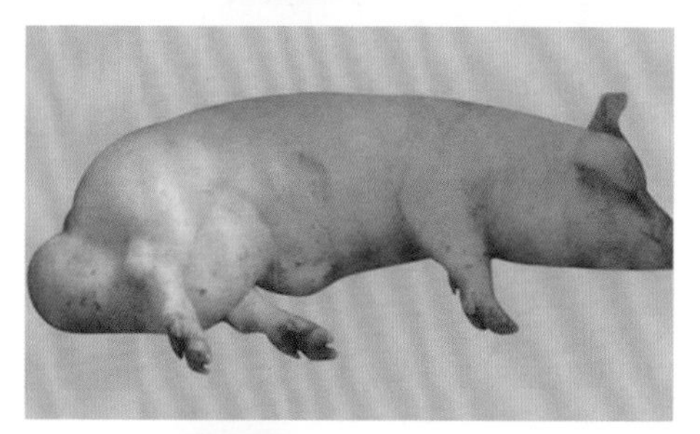

图4-48 腹股沟+阴囊疝

【治疗】

发生阴囊疝的公猪需要通过手术方法还纳肠管、闭合总鞘膜管(或缝合内环)，并进行阉割术。手术有两种方法：切开鞘膜还纳法和切开腹腔还纳法。

（1）切开鞘膜还纳法

① 保定。将猪倒吊起来，或由保定人员抓住猪的两后肢使头朝下。

② 麻醉。速眠新全身麻醉，在疝囊预定切开线上用0.5%盐酸普鲁卡因浸润麻醉。

③ 切口定位与手术方法。于倒数第一对乳头外上方的皮下环处做一个4～6厘米长与鞘膜管平行的皮肤切口，分离腹外斜肌、筋膜，显露总鞘膜管，然后在鞘膜管上剪一小口，从切口内深入手

指，将肠管经腹股沟内环向腹腔内推送，直至将所有进入鞘膜腔内的肠管全部还纳回腹腔内。闭合鞘膜管：将切口内的鞘膜管向内环处分离，在靠近内环处用缝线结扎鞘膜管，然后缝合皮肤切口。皮肤切口行结节缝合。术部用2%碘酊消毒后，解除对猪的保定。

④ 术后护理 术后3天内给予少量的流质饲料，3天后即可转入正常饲喂。手术后使用青霉素和安痛定，但应注意圈舍及环境卫生，防止切口污染。

（2）经腹壁切开还纳肠管、缝合内环法

① 切开腹壁，还纳脱出肠管。手术切口位于肠脱出侧倒数第二对乳头外侧3～4厘米处，平行腹白线做一个5～6厘米长的切口，切开腹壁，手指伸入腹腔，从内环处将阴囊鞘膜内的肠管引入腹腔内（图4-49、图4-50）。

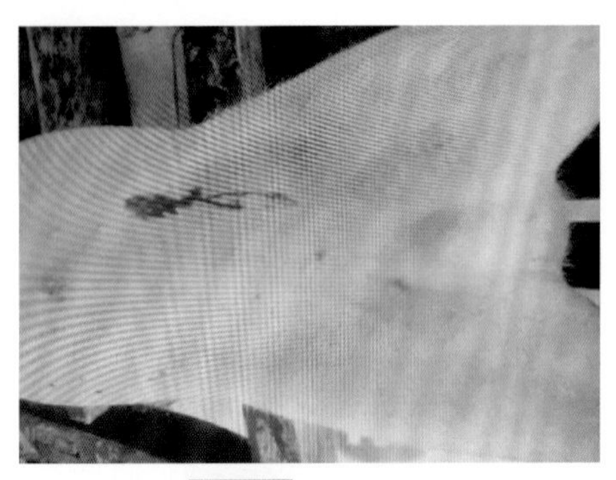

图4-49 腹壁切开

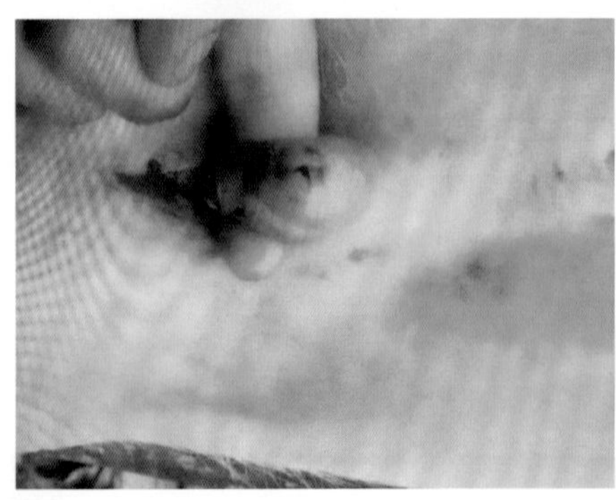

图4-50 将肠管还纳回腹腔、将睾丸牵引出腹腔结扎切除

② 缝合内环和腹壁切口，用弯圆针于腹腔内对内环间断缝合2～3针，腹壁切口进行全层间断缝合。

③ 术后护理：猪栏应保持干燥，仔猪不宜剧烈活动，也不应长期卧睡，热天切忌仔猪卧于污水中，术后注射青霉素和安痛定以防感染和消除疼痛。若肠管送不回腹腔则为肠粘连，将肠管分离后再做手术；若肠管坏死，则切除坏死部，吻合肠管后做手术。

八、脐疝

【简介】

脐疝是腹腔脏器经脐孔脱出于皮下的症状，一般发生于15～30千克猪，如不及时采取有效的治疗措施，会造成严重损失。多见于猪的脐孔在仔猪生下后未完全闭合，以致腹腔内脏器官经未闭合的脐孔漏于皮下，形成小如核桃、大如垒球的囊状物。

【病因】

本病多为先天性，多因为脐孔发育不全、没有闭锁，或因脐部化脓而造成。也可因不正确的断脐，腹壁脐孔闭合不全，再加上仔猪的强烈努责或用力跳跃等，促使腹内压增加，肠管容易通过脐孔而漏入皮下，形成脐疝。

【临床症状】

脐部呈现局限性球形肿胀，质地柔软，无热无痛（图4-51、图4-52），当猪的体位改变，或用手按压脐疝部，则疝囊变小，疝

图4-51 小猪脐疝：球形肿胀

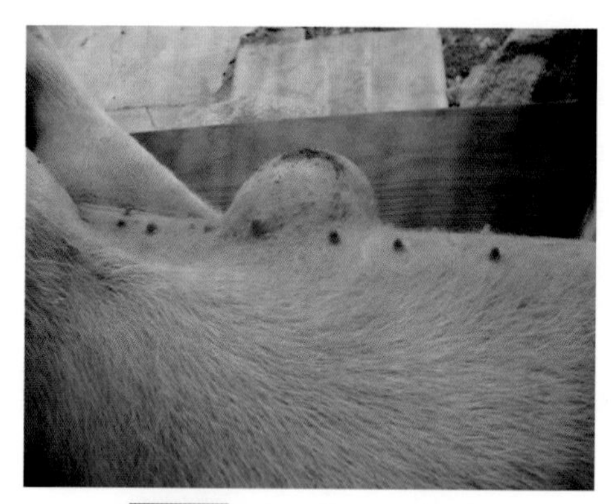

图4-52 大猪脐疝：球形肿胀

囊内肠管可还纳入腹腔内，此类疝为可复性疝。有的疝囊内容物与疝囊粘连，人为地还纳疝囊内容物时无法完全还纳，此为粘连性疝。若疝囊内容物在脐孔（疝轮）处发生钳闭，此时猪表现腹痛、呕吐、心跳加快，全身情况很快恶化，如不及时手术治疗，多因钳闭处肠管坏死导致内毒素中毒而休克死亡。

【诊断】

通过视诊可以判断。部分可以恢复，但是不要在疝部小肠有内容物的情况下将其挤回腹中。

【治疗】

（1）术前处理　术前禁食一天，仰卧保定；疝囊及其周围用剪毛剪彻底把毛剪干净，用0.1%新洁尔灭溶液洗净，再用5%碘酊消毒2次，75%酒精棉球涂擦脱碘；用0.5%盐酸普鲁卡因注射液10～30毫升（仔猪一般用10毫升、中大猪一般用30毫升）分别在疝囊底部和基部作分层浸润麻醉。

（2）保定　将患猪采取仰卧保定，手术才可以开始。在脐疝囊适当的部位用手术刀切开皮肤5～7 厘米或12～16 厘米，如果疝囊面体积大，切口要大一些。先从患猪基部，靠近脐孔与躯干平行切开表皮，避开大血管，刀切的时候不能用力，力过大会切断肠管，应轻而慢，将疝囊剥离开，把肠子慢慢地从脐孔还纳腹

腔内。用手压住脐孔，不让肠管从脐孔脱出。如果发现肠段坏死、粘连，可随时剥离并做切除坏死肠段、吻合肠管手术后，将肠管慢慢经过疝孔送回。缝合脐孔，在脐孔的中间用结结缝合，第二针在两边的中间缝合，脐孔缝合好后把坏死的表肌肉切除掉，整理脐孔，撒上青霉素粉320万单位，缝合表层肌肉，切除多余的表皮后，整理表肌肉，涂上青霉素80万2支，缝合表皮，整理后涂上青霉素80万2支。手术告终。

（3）术后护理 连续3天给予抗生素。

九、蹄裂

【简介】

裂蹄病是猪的主要蹄部疾病之一，以蹄匣缩小、蹄壁角质层裂、局部疼痛、卧地少动为主要特征，发病率在4%～5%，轻则影响猪只进食，重则被淘汰。 如感染时，可引起化脓性真皮炎。

【病因】

（1）季节因素 秋冬天气由暖转凉，猪体表毛细血管收缩，导致正常脂类物质分泌减少，猪蹄壳薄嫩，加上粗糙地面等碰撞摩擦，因而造成蹄壳出现裂缝。

（2）圈舍因素 一些用方砖与水泥铺设的现代化猪舍，由于地表面坚硬而粗糙，在干燥而寒冷的气候下，猪只长期在上面行走，往往会加快本病的发生。

（3）品种因素 国内外研究表明，此病主要发生在高度选育的瘦肉型品种和品系中，如大约克夏、长白、杜洛克和汉普夏等肢蹄纤细的猪最易患此病；生长速度快、瘦肉率高、背膘薄的品种更易得此病。

（4）营养因素

① 饲料中钙、磷不足或比例不当，易造成蹄底裂。

② 缺硒时可引起足变形、脱毛、关节炎等。

③ 慢性氟中毒和缺锰时，能导致蹄异常变形，而且缺锰时多

是横裂。

④ 缺锌则呈蹄裂或侧裂。

⑤ 缺维生素D，影响骨骼的生长发育，发生软骨病、肢蹄不正和关节炎肿胀等，使种猪的肢蹄受力不均，导致裂蹄，特别是缺乏运动和阳光照射更易发生此病。

⑥ 生物素缺乏时，不能维持蹄的角质层强度和硬度，蹄壳龟裂，蹄横裂，脚垫裂缝并出血，有时有后脚痉挛、脱毛和发炎等症状。

【临床症状】

本病发病时间主要集中在10～12月和次年1月，以12月最为严重。发病猪只多为待配或初配的后备公、母猪，用水泥、方砖铺设地面的现代猪舍饲养的猪只发病率也较高。猪只主要发生蹄裂，同时伴有局部疼痛，起卧不便，并因卧地少动可继发肌肉风湿；发病期较长者可磨破皮肤，容易形成局部脓肿。轻者影响配种或孕期正常活动，重者可因渐进性消瘦而被淘汰或死亡。蹄壁缺乏光泽，有纵或横的裂隙，猪常发多肢蹄裂（图4-53、图4-54）。裂隙未及真皮时不发生运步障碍。如涉及真皮，且有感染时，临床上可见不同程度的跛行，蹄尖壁裂时用踵部负重，前肢两侧蹄都有蹄裂时可用腕部着地负重；严重时不能负重而后躯坐在地面上（图4-55）。

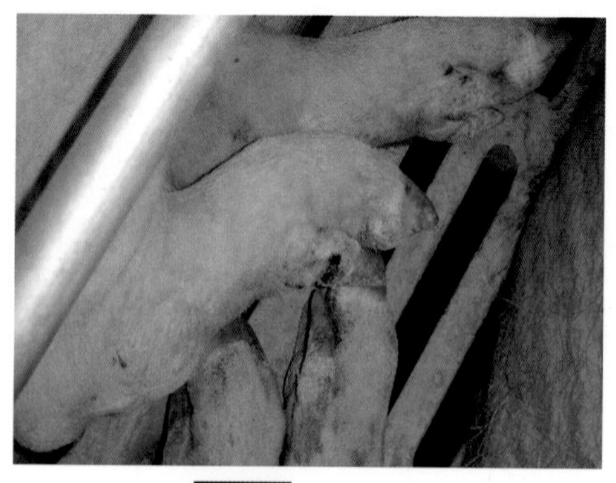

图4-53 轻度蹄裂

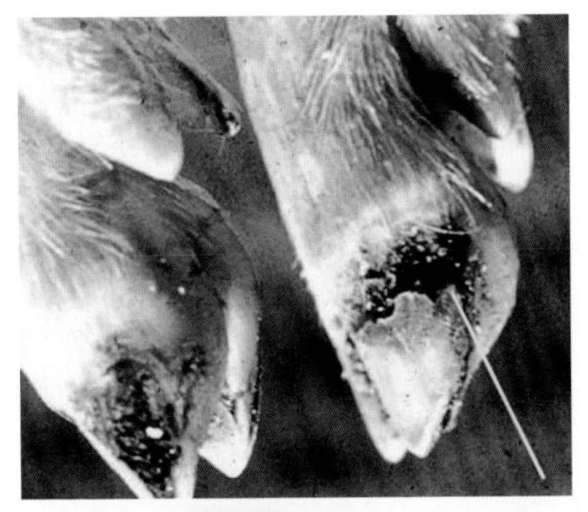

图4-54 重度蹄裂

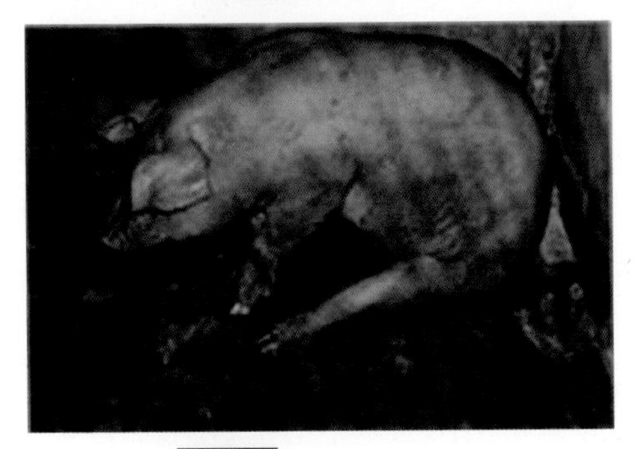

图4-55 疼痛不能站立

【诊断】

结合该病的发病原因与临床表现可做出诊断。需要首先排除口蹄疫。

【预防】

消除引发蹄裂病的诱因。

【治疗】

（1）防止蹄裂继续发展，保持蹄的湿度，避免在硬地上运动。改善圈舍结构，水泥地面要保持适宜的光滑度和倾斜度（但必须小于3度），地面无尖锐物、无积水。接受阳光，有利于维生素D的合成。

（2）在饲料中添加生物素+复合多维+硫酸锌。

（3）干裂的蹄壳，每日涂抹1～2次鱼肝油，滋润蹄壳，促进愈合。同时，发病猪只每日喂0．5千克胡萝卜，配合饲料中加1%的脂肪，对尽快治愈也有一定辅助作用。

（4）防止继发感染 在运动场进出口处设置脚浴池，池内放入0.1%～0.2%福尔马林溶液，对发病猪进行治疗防止继发感染；已发生裂蹄的猪经消毒后，用氧化锌软膏对症治疗；因蹄裂、蹄底磨损等继发感染，肢蹄发炎肿胀，可用青霉素、发福定、鱼石脂等药物进行对症治疗。

十、结膜炎

【简介】

猪的结膜炎很容易传染，在群养猪中有较高的发病率，因结膜炎引起视力障碍和双目失明，以致生长速度大大落后于同龄猪。而且，常规疗法不易治愈，尤其是那些病程长久、结膜红肿外翻的病例更是如此。结膜炎以眼结膜红肿、羞明流泪、眵盛难睁为特征。

【病因】

外伤或异物落入眼中，或刺激性气体（如猪舍内浓烈的氨气）刺激，可引发结膜炎。外感风热和热毒内侵也可致病，如猪舍闷热，暑天运输，风热外邪侵袭，内热不得外泄，上攻于目。或因热毒内侵，积于心肺，流注肝经，上冲于目，而致眼睛翻肿，眵盛难睁，多发于夏秋季节。

【临床症状】

若外伤引起，多为单眼发病。风热或热毒引起则两眼同时发病或先后发作。表现病眼结膜红肿（图4-56），怕光，流泪，眼睑频繁睁闭。眼肿胀，疼痛，眼内流出分泌物，病初是浆液性，病重者呈黏液性或脓性（图4-57）。日久则为化脓性炎症，眼结膜混浊，分泌物白色、黄色、黏稠物，黏附于内眼角和睫毛上。

图4-56 衣原体造成结膜炎

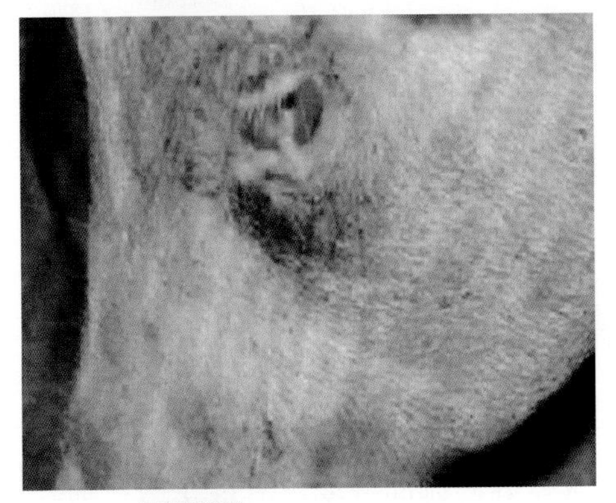

图4-57 结膜炎：结膜外翻

【诊断】

根据临床症状，较容易确诊。

【预防】

避免对眼睛的各种刺激。平时多喂些青料。

【治疗】

（1）注意圈舍清洁卫生，对患畜先用硼酸水或生理盐水冲洗眼结膜，清异物，点涂氯霉素、金霉素等眼药水或眼药膏。

（2）防风、黄连、黄芩、荆芥、没药、甘草、蝉蜕、龙胆草、石决明、草决明各10克，研为细末，开水冲调灌服或拌入料中饲喂。

（3）用醋酸可的松、硫酸锌液点眼，或涂四环素、金霉素或可的松眼膏等。0.25%～0.5%普鲁卡因加青霉素配制的溶液点眼，用于镇痛。

（4）中兽药方剂

① 方1　取新鲜鱼胆（或羊胆汁），凉开水洗净，用烧红的针刺破，使胆汁流入干净眼药瓶中，每日4～5次滴患眼，每次2～4滴，治愈为止。治结膜炎红肿疼痛。

② 方2　菊花200克，煎汁两次混合约2.5升，过滤后一半内服，一半熏洗患眼，每日2次。

③ 方3　紫花地丁洗净捣烂拧汁点眼，每次2～3滴，每日3次，药渣加适量鸡蛋清敷于患眼皮上。

④ 方4　鲜蒲公英400克，水煎后一半内服，一半趁热熏洗患眼，每日1次。

⑤ 方5　野菊花、薄荷叶各15克，熬水洗眼。

⑥ 方6　蝉蜕10克、草决明13克、石决明10克、芒硝60克、龙胆草10克、菊花60克、炒蒺藜6克、谷精草6克，煎汤内服，孕猪禁用，本剂量适用于30～50千克的猪。

⑦ 方7　野菊花35克、鲜桑叶35克、车前草35克、生石膏16克，共煎汁内服。煎汁也可用于洗眼。

⑧ 方8　菊花35克、童子尿250克，将上药共煮沸，取汁洗眼，每天2～3次。

⑨ 方9　青葙子20克、龙胆草20克、黄连20克、石决明13克、草决明13克、蝉蜕13克、大黄16克、菊花22克、桑叶20克，共煎水内服。

十一、乳腺炎

【简介】

乳腺炎是乳腺受到物理、化学、微生物等致病因子作用后所

发生的一种炎性变化。哺乳母猪较为多发，尤其某些背腰凹软、腹部拖地的品种，母猪乳头经常与地面摩擦导致破损，或者仔猪咬伤，易感染导致本病。

【病因】

由于乳房摩擦地面，仔猪咬伤乳房以及冻伤、挤压受伤等，感染链球菌、葡萄球菌、大肠杆菌或真菌等病原菌，引起乳腺炎或乳房内乳汁停滞。断乳方式不当也可引起乳腺炎。全身疾病或其他器官患病时也可引起乳腺炎，如母猪子宫内膜炎时常并发此病。母猪产前产后，喂糖料过多，乳量过大，小猪吃不完也可引发此病。

【临床症状】

急性乳腺炎可见潮红、肿胀，触之有热感（图4-58、图4-59），由于乳房疼痛，母猪怕痛而拒绝仔猪吃乳，使仔猪饥饿不安。初期乳汁稀薄，后变为乳清样，仔细观察可看到乳中含絮状物。炎症发展成脓性时，乳汁少而浓，混有白色絮状物，有时带血丝，甚至有黄褐色脓液，有腥臭味。严重时，乳房排不出乳汁、脓汁，能形成脓肿以至溃疡。慢性乳腺炎则乳房呈增生性硬肿，手摸硬固（图4-60）。化脓性或坏疽性乳腺炎，母猪会出现全身症状，体温升高，食欲减退，精神不振，喜卧，不愿起立等。

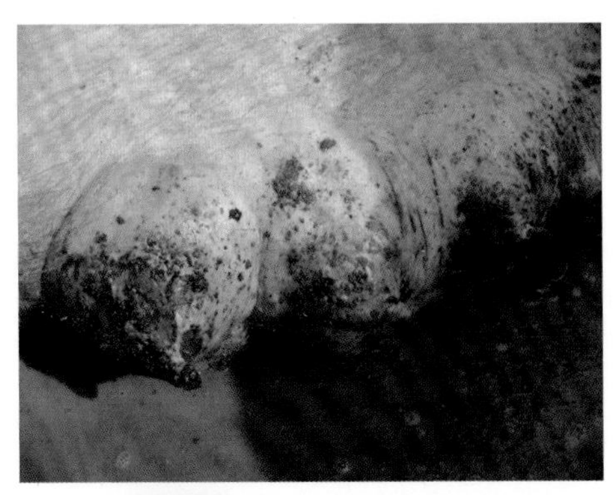

图4-58　口蹄疫引发的乳腺炎

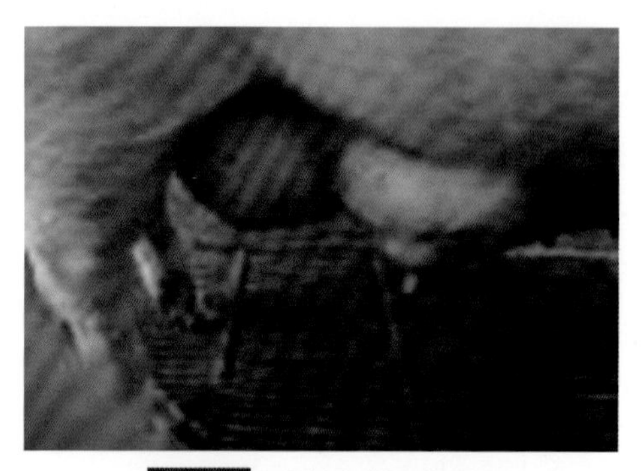

图4-59　急性乳房肿大明显

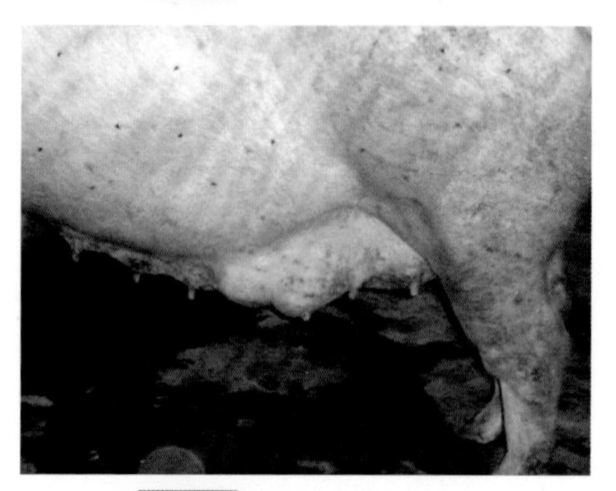

图4-60　慢性乳腺炎：硬肿

【诊断】

根据临床症状即可做出诊断。实验室确诊可以使用体细胞计数方法。

【预防】

防止外伤，猪舍做到清洁干燥。冬季产仔应垫清洁柔软稻草，仔猪断奶前应逐渐减少喂奶次数，使乳腺活动慢慢降低。

【治疗】

（1）先应隔离仔猪。对症状轻的可用温开水洗净乳房，乳房硬结时，轻轻按摩，使硬结消散，挤出患病乳房内的乳汁（注意：化脓性乳腺炎时不可按摩和挤压），局部涂以消炎软膏或涂上鱼石脂软膏。

（2）用0.5%～1%盐酸普鲁卡因10～20毫升加入青霉素20万～40万国际单位作乳房周围分点封闭注射，1～2天后如不减轻，可重复注射1次。

（3）全身疗法可注射青霉素和链霉素。

（4）乳房发生化脓、形成脓肿的，应尽早由上向下纵行切开，排出脓汁。然后用3%过氧化氢溶液或0.1%高锰酸钾溶液冲洗干净脓汁。脓肿较深时，可用注射器先抽出其内容物，最后向腔内注入青霉素10万～20万单位、链霉素10万单位。

（5）中药治疗，可以选用以下处方。

① 方1　笔者研制的“乳腺炎一号”对于乳房出现血脓的久治不愈性乳腺炎效果较好。

② 方2　王不留行10克，乳香、没药各6克，水煎，加酒适量内服。

③ 方3　全瓜蒌1个，当归15克，川穹10克，白芷15克，赤芍15克，贝母15克，蒲公英30克，山甲（炮）10 克，金银花30克，乳香15克，没药15克，甘草15克，水煎喂服。

④ 方4　皂刺、赤芍、当归尾、荆芥、防风、花椒、黄柏、连翘、透骨草各50克，水煎，候温外洗。每日1次，连用2～3次。

⑤ 方5　茄子巴或南瓜巴7个，烧成灰，研细，用白酒50毫升喂服。

⑥ 方6　蒲公英100克，水煎，加黄酒100克，分2次喂服。

⑦ 方7　银花、连翘、蒲公英、地丁各10克，知母、黄柏、木通、大黄、甘草各6克，研末拌服。

十二、子宫内膜炎

【简介】

母猪的子宫炎既是子宫内膜的炎症，在规模化猪场和个体养猪户，都是较为常见的繁殖障碍性疾病。据资料介绍：产后母猪子宫内膜炎的发生率为12%～18%。子宫内膜炎的发生直接影响到能繁母猪的繁殖能力和哺乳能力，造成仔猪抵抗力下降及生长速度缓慢。不仅会导致母猪发情、受孕障碍，还会因没有及时治疗丧失繁殖能力而被淘汰，给养猪生产带来巨大的经济损失。

【发病原因】

发病原因有以下两种：

① 外源性感染。猪舍环境不卫生，母猪配种、人工授精不卫生，分娩、助产发生产道损伤，母猪难产操作不慎，特别是胎衣不下未及时治疗，都可能引发子宫内膜炎。

② 内源性传染。当母猪受到猪瘟病毒、蓝耳病毒、伪狂犬病病毒、圆环病毒、细小病毒等病毒或细菌侵害时可能发生血行性的内源性传染。

【临床症状与病变】

子宫内膜炎分为急性和慢性两种。

① 急性子宫内膜炎：多见于产后母猪，病猪体温升高，精神沉郁，食欲减退或废绝，常卧地、频尿、从阴门排出大量灰红色或黄白色有臭味的黏液性或脓性分泌物，躺卧时排出更多（图4-61）。炎症严重时呈污红色或棕色。不及时治疗则会转为慢性而不孕，甚或危及母猪生命。

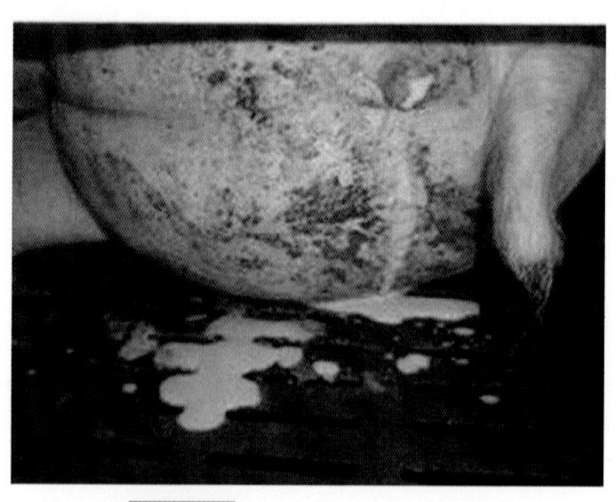

图4-61 流出大量脓性液体

② 慢性子宫内膜炎：全身症状不明显，临床往往容易疏忽。阴门处常见黏液-脓性分泌物，多为浑浊、乳白、灰白及黄色（图4-62）。母猪采食、饮水、精神状态没有明显变化。慢性子宫内膜

炎的猪发情周期不正常，有时虽然发情但常屡配不孕，冲洗子宫时回流液略浑浊，似淘米水样（图4-63、图4-64）。

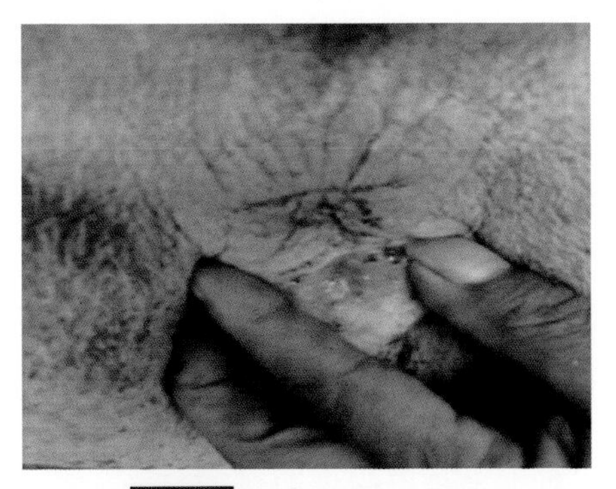

图4-62 阴道有脓性分泌物

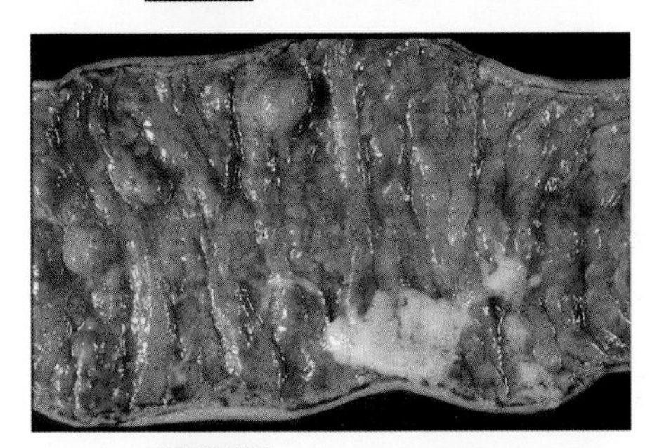

图4-63 子宫内轻度蓄脓

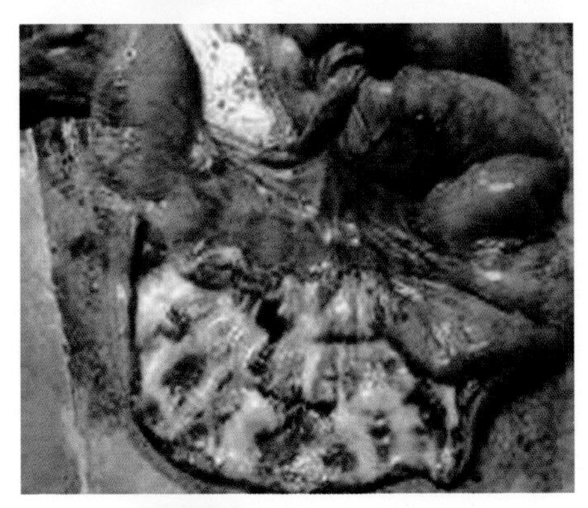

图4-64 子宫内大量蓄脓

【诊断要点】

（1）临床特征　发情紊乱、阴道排出脓性分泌物、屡配不孕。

（2）病理变化　子宫内蓄脓。

【防治】

（1）预防

① 严格配种输精程序，注重卫生消毒。

② 难产助产要谨慎操作，避免误伤产道。

③ 及时清理胎衣，检查胎衣是否完整。

④ 发现胎衣完全或部分不下，应及时采取措施，将残留胎衣取出。

（2）治疗　对于子宫内膜炎的母猪，要及时清洗子宫，可选用有效消毒液进行冲洗，如青霉素溶液、土霉素溶液、金霉素溶液、新洁尔灭溶液、碘溶液等；反复多次冲洗，直至冲出的液体透明为止。建议：母猪发情时进行冲洗，但不进行人工授精，待到下一个发情期时再输精为佳。

炎症剧烈时，要配合全身抗生素疗法。

参考文献

[1] 许剑琴.猪病中药防治.北京：中国农业大学出版社，2000.

[2] 李文刚.猪病诊断与防治.北京：中国农业大学出版社，2002.

[3] 张泉鑫.猪病中西医综合防治大全.北京：中国农业大学出版社，2002.

[4] 王凤英.科学养猪技术问答.北京：中国农业大学出版社，2003.

[5] 谷风柱.猪病临床诊治彩色图谱.北京：机械工业出版社，2015.